Carolyn Merchant

·

The Antropocene and the Humanities

From Climate Change to a New Age of Sustainability

Yale University Press
New Heaven / London
2020

Кэролин Мёрчант

Антропоцен и гуманитарные науки

От эпохи изменений климата к новой эре устойчивости

Academic Studies Press
Библиороссика
Бостон / Санкт-Петербург
2023

УДК 504.03
ББК 20.1
М52

Перевод с английского Павла Гаврилова

Серийное оформление и оформление обложки Ивана Граве

Изображения на обложке:
Джозеф Тёрнер. Последний рейс корабля «Отважный»
Клод Моне. Вокзал Сен-Лазар. Прибытие поезда из Нормандии

Мёрчант, Кэролин.
М52 Антропоцен и гуманитарные науки. От эпохи изменений климата к новой эре устойчивости / Кэролин Мёрчант ; [пер. с англ. П. Гаврилова]. — СПб.: Academic Studies Press / Библиороссика, 2023. — 214 с. : — (Серия «Серия «Глобальные исследования в области экологии и окружающей среды» = «Global Environmental Studies»).

ISBN 979-8-887194-66-0 (Academic Studies Press)
ISBN 978-5-907767-19-5 (Библиороссика)

Могут ли история, искусство, литература, религия, философия, этика и правосудие повлиять на экологическую устойчивость в следующем столетии? Задаваясь этим вопросом, Кэролин Мёрчант исследует взаимодействие традиционных областей человеческой мысли и экологии. Ее масштабная и доступная книга позволяет увидеть неизбежность смены эпохи антропоцена новой эпохой устойчивого развития.

УДК 504.03
ББК 20.1

© Yale University Press, 2020
© Carolyn Merchant, text, 2020
© П. Гаврилов, перевод с английского, 2023
© Academic Studies Press, 2023
© Оформление и макет.
ООО «Библиороссика», 2023

ISBN 979-8-887194-66-0
ISBN 978-5-907767-19-5

Моей семье

Предисловие

Все мы — лишь блики жизни на поверхности моря вечности. Каждое живое существо, будь то человек, животное, растение или бактерия, ведет постоянную схватку с самым непреклонным и неумолимым законом природы — вторым началом термодинамики. Каждое существо в этой схватке обречено проиграть. Почему? Потому что весь мир идет к своему концу. Он движется от порядка к хаосу, а энтропия — энергия, неспособная производить полезную работу, — постоянно возрастает. Землю ожидает тепловая смерть — момент, когда температура по всей планете выровняется. Не станет движения, не станет изменений, не станет трансформаций.

На первый взгляд эволюция, создающая новый порядок, сопротивляется энтропии. При помощи постоянно поступающей энергии солнца она рождает все новые, более сложные подвиды, виды, роды и семейства. Но каждая новая форма жизни, столкнувшись со вторым началом термодинамики, проигрывает бой. Каждый организм производит себе подобных, стареет и умирает. Каждое новое существо — не более чем солнечный зайчик, существующий лишь миг, а затем пропадающий навсегда. Каким будет конец — ждет ли вселенную тепловая смерть в результате безостановочного расширения и полного нивелирования перепада температур, или же она коллапсирует, сжавшись до черной дыры, и затем появится вновь — вопрос открытый.

Мы на пороге середины XXI века, и все тревожнее наблюдать, как мы сотнями теряем формы жизни уже сейчас. Мы сталкиваемся с последствиями глобального потепления из-за сжигания ископаемого топлива, впереди нас поджидает все больше экстремальных погодных условий, таяния полярных льдов, ураганов, наводнений и торнадо, оживляющих призрак гибели всей Земли. Для обозначения новой геологической эпохи, в которой человек оказывает разрушительное воздействие на природу невиданными прежде способами, Пауль Крутцен и Юджин Стормер в 2000 году ввели название «антропоцен». И концепция антропоцена предполагает, что *привычная нам* Земля в будущем, вполне возможно, прекратит существование [Crutzen, Stoermer 2000]. Переосмысление природы, произошедшее в период от изобретения парового двигателя в конце XVIII века и до современного масштабного сжигания ископаемого топлива (угля, нефти и природного газа) должно повлечь за собой глубокую научную переоценку — не только в рамках естественных, но и в рамках гуманитарных дисциплин. Например, как обусловленное глобальным потеплением загрязнение воды и воздуха отражено в истории, изобразительном искусстве, литературе, религии, философии, этике и праве? Как вместе с климатом менялось само представление о том, что значит быть человеком? Что принесет человеку и наукам о нем будущее эры антропоцена?

Специалист по экологической истории[1] Сверкер Сёрлин в своей книге «Экологический поворот в гуманитарных науках» пишет:

> Нарождающуюся концепцию «гуманитарного экологизма» сейчас развивают с немалой энергией. Это широкий мультидисциплинарный подход, который говорит о стремлении ученых... объединить усилия и создать направление, в котором значимость человеческих поступков будет рассматриваться наравне с экологическими аспектами. Программы и курсы по экологическим гуманитарным наукам уже появляются в университетах Европы, Австралии и США, включая Принстон, Стэнфорд и Калифорнийский университет Лос-Анджелеса [Sörlin 2014].

---

[1] В русскоязычной литературе термин environmental history традиционно переводится как «экологическая история». Здесь и далее мы используем именно этот термин, в отдельных случаях для точности будет приведен оригинал. — *Прим. пер.*

Но, хотя об антропоцене написано немало статей и книг в области естественных наук, политологии, экономики и государственного управления, через призму гуманитарных наук антропоцен анализируют достаточно редко.

В эру антропоцена на кон поставлено выживание человечества и природы в их взаимодействии. И именно гуманитарные дисциплины приобретают критическую важность, чтобы привлечь внимание человечества к экологическому кризису XXI века. Чтобы привлечь отдельных людей, сообщества и государственные органы к разработке стратегий, ведущих к переменам, одних естественно-научных исследований недостаточно. Наряду с ними, а может, и в большей степени требуются идеи гуманитариев. Необходимо определить теоретическую основу экологического гуманитарного подхода, который будет отвечать масштабам и сложности проблем антропоцена.

Идея антропоцена поможет нам переосмыслить гуманитарные науки, сделать их по-новому востребованными в XXI веке. Язык и визуальные образы могут сыграть определяющую роль в формировании осведомленности о положении вещей, в изменении как личного поведения, так и государственной политики. Гуманитарная сфера, включающая историю, искусство, литературу, религию, философию, этику и юриспруденцию, способна дать новое убедительное понимание важнейших решений, которые нам предстоит принимать в ближайшие 50–100 лет и далее.

Книга адресована образованным читателям, интересующимся нынешним состоянием планеты, ее будущим и тем, что мы, люди, можем сделать ради сохранения жизни на Земле. Книга может послужить материалом для студенческих курсов и аспирантских семинаров, посвященных окружающей среде, гуманитарным и общественным наукам. Также она будет полезна для книжных клубов и дискуссионных групп. Она задумана как средство провоцировать на размышления и вдохновлять на творческие решения в области искусства и гуманитарных дисциплин, естественных наук и истории, права и этики.

В последующих главах я введу понятие антропоцена, задамся вопросом о его значимости и критически рассмотрю то, какими значениями и смыслами его наделяют в естественных и гуманитарных науках. Я полагаю, что идея антропоцена выходит за рамки предыдущих концепций и периодизаций — например, деления на доиндустриальный, колониальный, индустриальный периоды, модерн и постмодерн, — четко и ясно характеризуя нарастающий кризис, перед которым стоит человечество. Я рассмотрю идеи — прежде всего принадлежащие западной культуре, связанные с началом эры антропоцена, и обозначу принципы, которые могут указать путь к новой эпохе разумного использования ресурсов, основанной на альтернативных источниках энергии, переработке сырья и зеленой науке. Я продемонстрирую, в чем именно и по каким причинам связь антропоцена и гуманитарных дисциплин имеет значение для нашего будущего.

В центре внимания этой книги находится Европа (в особенности Англия), а также Соединенные Штаты, где начиналась индустриализация. Но я предлагаю взглянуть и на другие регионы и континенты, на примере которых можно и нужно развивать теорию антропоцена. Моей устойчивой целью было выявление проблем европейской историографии и научной мысли, чтобы затем предложить новые принципы методологии и партнерства, которые могли бы стать идеалами будущего. В этой работе я опираюсь на идеи, с которыми работаю на протяжении всей научной карьеры. В текст вошли те концепции из моих книг и статей, которые дают представление об эре антропоцена и возможности превратить ее в эру разумного потребления.

Книга не претендует на полноту. Я не пыталась охватить все страны, континенты и периоды времени или процитировать все книги об антропоцене, вышедшие в последние годы. Скорее, я выбрала сфокусироваться на тех примерах, которые могут вызвать импульс к дальнейшим размышлениям, раскрыть связь между антропоценом и гуманитарными науками, наметить маршрут для дальнейших плодотворных исследований. Чтобы сделать книгу более доступной читателям-неспециалистам, я включила в нее портреты людей, сыгравших ключевую роль в зарождении антропоцена, а также анализ художественных произведений, которые демонстрируют значимость явления и его эффект.

Ради будущего всего человечества необычайно важно изучить причины, последствия изменения климата и его тесную связь с антропоценом. Рост скоплений парниковых газов, глобальное потепление, таяние льдов Арктики и Антарктики и горных ледников сказывается на повышении уровня Мирового океана и имеет огромное влияние на формы жизни всей планеты. Эффект глобального потепления проявляется в повышении температуры воды в морях и океанах, засухе, опустынивании, вымирании и миграции видов. Сказывается он и на человеческой популяции. На женщин, особенно в развивающихся странах, ложится все большее бремя работ: им нужно ходить за водой к дальним источникам, собирать топливо и заботиться о семьях. Дополнительный труд приводит к страданиям и гибели, особенно среди бедноты, рабочего класса, расово дискриминированных народов и тех, кто относит себя к женскому гендеру.

Нам жизненно важно найти решения для выхода из глобального экологического и гуманитарного кризиса. Вдохновленные гуманитарными науками, эти решения должны включать в себя новые подходы в естественных дисциплинах, технологиях, политике, этике. Прежде всего необходимы перемены в области расового, классового и гендерного неравенства, которое несет страдания огромному количеству людей. Сама Земля продолжит существовать в некой форме, хотя, возможно, и в сильно измененной. Мы, живущие на планете сейчас, обязаны добиться перемен, дабы сохранить человечество и природу в том виде, в каком мы их знаем.

Все мы — лишь гости на Земле.

Благодарности

Хочу поблагодарить многих людей, в беседах с которыми я черпала идеи, которые потом легли в основу «Антропоцена и гуманитарных наук». Особенно я благодарна Дженнифер Уэллс, моему соавтору по одной из предыдущих работ «Тающий лед: изменения климата и гуманитарные науки», вышедшей в 2009 году в журнале «Confluence». Фрагменты из этой статьи включены в книгу. Ценные комментарии я также получила от коллег по Калифорнийскому университету в Беркли: Кэролайн Финни, Роберта Хасса, Аластера Айлса, Рейчел Морелло-Фрош, Гэрри-сона Спозито, Кимберли Толлбир и Дэвида Виникофф. Студенты UCB Марли Пирохта и Рейчел Ромбардо оказали мне неоценимую помощь в подготовке рукописи благодаря гранту студенческих проектов (SPUR) от Колледжа природных ресурсов Университета Беркли осенью 2018 года.

Премия Центра гуманитарных наук Дорис Таунсенд при Университете Беркли позволила мне в весеннем семестре 2016 года провести курс «Судьба природы в антропоцене». Шесть преподавателей и двенадцать аспирантов читали множество книг и статей и еженедельно встречались ради оживленных дискуссий о концепции антропоцена и его влиянии на окружающую среду и человечество. Также исследованиям помогли Грант будущего от Калифорнийского университета в Беркли и стипендия в Центре изучения поведенческих наук (CASBS) Стэнфордского университета в осеннем семестре 2017 года. Благодарю слушателей моего курса 2017 года за глубокие и вдохновляющие беседы и всех сотрудников Центра за помощь в доступе к источникам и за дружелюбную атмосферу, в которой легко читать, думать и писать.

Эта книга опирается на идеи из моих предыдущих работ, особенно книги «Смерть природы» [Merchant 2020], и обобщает их. В ней я обсуждала переход от живого, органичного мира Возрождения XVI века, где Земля выступала как кормящая мать, к механистичному миру XVII века, где материя мертва и инертна, а Бог — инженер, математик и часовщик. В настоящей работе я веду речь о «второй смерти природы» в антропоцене, периоде, начавшемся в 1784 году с изобретения парового двигателя Джеймсом Уаттом, и продолжающемся до сих пор. Накопившиеся за это время в атмосфере парниковые газы привели к изменениям климата. Также я использовала идеи из других своих работ, привлекала исторические концепции и новые мысли, которые позволяют наметить путь в будущее к новой эре разумного потребления.

Мои коллеги и бывшие студентки и студенты Кеннет Уорси, Элизабет Эллисон и Уитни А. Бауман в 2019 году опубликовали книгу о моей работе под названием «После смерти природы: Кэролин Мёрчант и будущее отношений человека и Земли» [Worthy, Allison, Bauman 2018]. Я очень польщена и необычайно обрадована, благодарю авторов и издательство «Routledge» за разрешение использовать в этой книге отрывки из послесловия. Не менее я благодарна за ценные замечания, высказанные в рецензиях, Эдварду Мелильо, Мэри Эвелин Такер и анонимному рецензенту. Отдельное спасибо моему редактору в издательстве «Yale University Press» Джейн Томсон Блэк, ее ассистенту Майклу Денину, выпускающему редактору Джеффри Ширу и составителю указателя Фреду Камени за незаменимую помощь в подготовке книги к публикации.

И больше всего я благодарна моему мужу Чарльзу Селлерсу за его идеи, мотивирующие беседы и моральную поддержку во время моих исследований и работы над этой книгой.

Введение
Изменение климата и антропоцен

Изменение климата — важнейшая проблема XXI века в отношении долгосрочной перспективы благополучия человечества. Современные ученые сходятся в том, что антропогенный, то есть человеческий, вклад обостряет проблему климатических изменений и что для борьбы с последствиями требуется широкий набор стратегий. Но чтобы донести проблему глобального потепления и ее потенциальные решения до американского общества, требуется участие не только специалистов естественных наук, но и гуманитариев. Нам нужно пойти дальше, нужно учесть общечеловеческий вклад в изменение климата и отыскать для гуманитарных наук пути, посредством которых они могут и должны работать в этой сложной области.

Антропоцен

В своей фундаментальной одностраничной статье «Антропоцен», опубликованной в 2000 году, ученые Пауль Крутцен и Юджин Стормер ввели концепцию так называемой эры человечества, антропоцена, и напрямую связали ее с антропогенными причинами изменения климата. Крутцен — голландец, специалист по химии атмосферы из Химического института общества Макса Планка в Германии. В 1995 году он получил Нобелевскую премию по химии за исследования озонового слоя. Стормер, профессор

Илл. В.1 и В.2. Пауль Крутцен (1933–2021) и Юджин Стормер (1934–2012)

биологии Мичиганского университета, еще в начале 1980-х первым употребил термин «антропоцен» применительно к человеческому воздействию на планету. Но именно после совместной статьи первого года нового тысячелетия термин прижился. После нее вышла целая плеяда книг и статей, в которых идею антропоцена применяли к разным областям научного знания [Crutzen, Stoermer 2000].

Когда же начался антропоцен? Крутцен и Стормер пишут: «Выбор более точной даты зарождения "антропоцена" выглядит в некоторой степени произвольным, но мы предлагаем поздний XVIII век. <...> Такая датировка согласуется с изобретением парового двигателя Джеймсом Уаттом в 1784 году» [Ibid.][2]. Акцент, сделанный учеными на 1780-е годы, особо важен: именно тогда

---

[2] О паровой машине Уатта см. иллюстрацию «Гравюра с изображением машины Болтона и Уотта 1784 г.» в статье "James Watt" англоязычной Википедии. URL: https://en.wikipedia.org/wiki/James_Watt (дата обращения: 01.10.2023).

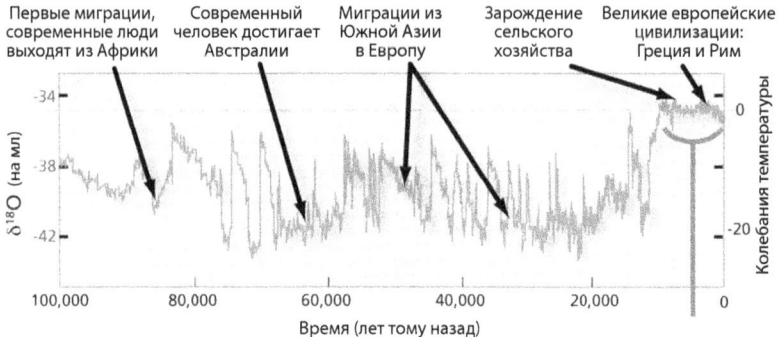

Илл. В.3. Голоцен

сжигание ископаемого топлива в паровых двигателях проложило путь к следующим изобретениям: пароходам, поездам и различным пароприводным технологиям. Таким образом, увеличился выброс парниковых газов в атмосферу. Согласно Крутцену и Стормеру, антропоцен был преимущественно отмечен значительным ростом этих выбросов из-за сжигания ископаемого топлива в конце XVIII века, когда данные, полученные из сердцевины ледников, указали на начало роста атмосферной концентрации некоторых парниковых газов, в частности CO_2 (углекислого газа) и CH_4 (метана)[3].

Каковы возможные последствия антропоцена? Как отметили Крутцен и Стормер, «за несколько поколений человечество потратит ископаемое топливо, которое копилось сотни миллионов лет». Самым важным шагом в сохранении планеты станет сотрудничество ученых и инженеров с обществом и поиск «глобальной стратегии экологичного обращения с ресурсами» [Ibid.].

Согласно Крутцену и Стормеру, антропоцен пришел на смену голоцену, послеледниковой эпохе, начавшейся 10 000–12 000 лет

---

[3] Крутцен и Стормер отметили рост концентрации CO_2 на 30 % и CH_4 более чем на 100 % [Crutzen, Stoermer 2000: 17].

тому назад, когда человеческая деятельность впервые начала оказывать серьезное воздействие на жизнь планеты. В то время Землю населяли примерно 5 млн человек. Голоцен известен как межледниковый теплый период с достаточно стабильным климатом, что позволило создать сеть человеческих поселений по всему земному шару и начать возделывание сельскохозяйственных культур, таких как пшеница, овес, ячмень, рис, сорго, кукуруза, бобы и тыква. Этому сопутствовало одомашнивание животных: коров, свиней, овец, коз и лошадей (илл. В.3).

Затем, с I века нашей эры, человеческая популяция стала резко расти: от 200 млн в I веке до 500 млн в 1650 году, 1 млрд к 1850 году, 2 млрд к 1930-му, 6 млрд в 1999-м, а в 2024 году ожидается превышение порога 8 млрд[4]. Глобальная температура равномерно и уверенно возрастала с 1880 по 2010 год. До 1940-х годов среднемировая температура не превышала нуля, а с тех пор не опускается ниже (илл. В.4). Средняя температура поверхности планеты в XX веке составила 13,7 °C, или 56,7 °F. Для поддержания жизни в ближайшие десятилетия необходимо, чтобы рост температуры не превышал 2 °C (3,6 °F), и для этого потребуется серьезно снизить выбросы от сжигаемого топлива и нарастить площадь лесов, травяных угодий, болот и фермерских хозяйств [Jenkins 2018: 32; Global Climate Report 2018].

«Человеческий след» на планете можно проиллюстрировать несколькими графиками, и все они демонстрируют экспоненциальный рост (илл. В.5). Концентрация углекислого газа (CO_2) с 1750 по 2000 годы увеличилась с 0,005 %, или 50 ppm (англ. parts per million — «частиц на миллион»), до 0,036 %, или 360 ppm. Если в конце XIX века крупных плотин практически не существовало, то к 2000 году количество перекрытых рек составило 25 тысяч. Об антропогенной гибели живой природы известно в течение столетий, но к концу XIX века вымершими считаются уже около 30 тысяч видов, и в перспективе это станет шестым крупным вымиранием в истории планеты. В то же время

---

[4] По данным ООН, население Земли достигло отметки в 8 млрд человек 15 ноября 2022 года. — *Прим. ред.*

Илл. В.4. Глобальные изменения температуры, 1880–2010: «Глобальное потепление и климат».

в 1900 году человечество использовало примерно 10 % поверхности суши, а сейчас — более 25 %[5].

Что означают эти тренды для будущего планеты и человечества? В январе 2017 года Агентство по охране окружающей среды (EPA) опубликовало *прогноз* концентрации парниковых газов в атмосфере на весь XXI век. В случае максимального уровня выбросов к 2100 году содержание CO_2 в атмосфере составит около 1300 ppm. Высокий уровень выбросов приведет примерно к 800 ppm, низкий — к 600 ppm, а минимальный уровень выбросов предполагает пиковый показатель примерно в 450 ppm к 2040 году и понижение до 400 ppm к 2100 году (илл. В.6).

---

[5] «Влияние на биосферу глобального потепления, наложившегося на другие стрессовые факторы (фрагментацию зон обитания, инвазивные виды, хищническое истребление), прежде всего выразилось в резком скачке *скорости вымирания*... Эта волна, запущенная человеком, уже выглядит как шестое великое вымирание в истории Земли» (курсив мой. — *К. М.*) [Zalasiewicz, Williams, Steffen, Crutzen 2010: 2229]. См. графики в [Steffen 2004; Bonneuil 2015: 10–11]. Также см. разделы «Large Dams» («Крупные плотины») и «Carbon Dioxide» («Углекислый газ») в [Grooten, Almond 2018: 24–25].

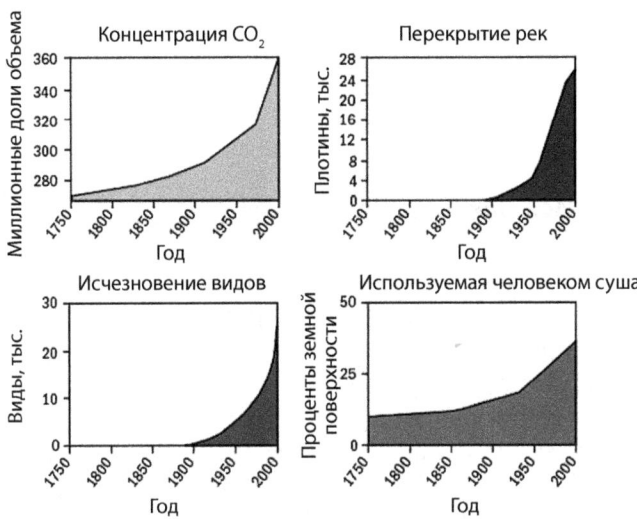

Илл. В.5. Антропогенный след. Jessica Stites. The Dawning of the Age of the Anthropocene // In These Times (Apr. 14, 2014)

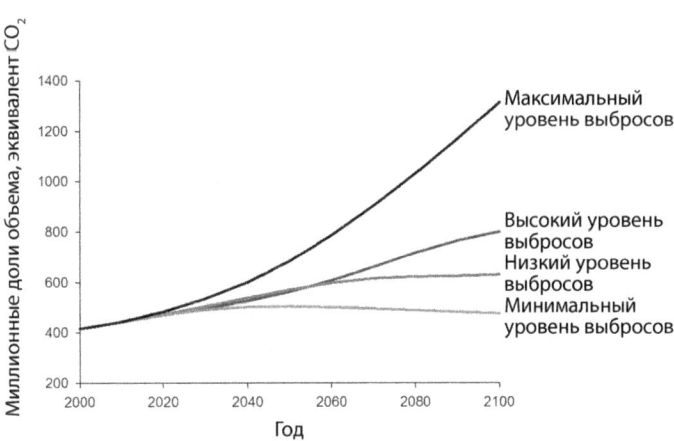

Илл. В.6. Прогноз концентрации парниковых газов в атмосфере на 2000–2100 годов по данным EPA

В 2007 году была создана организация 350.org со штаб-квартирой в Нью-Йорке, которая ставит целью добиться снижения выбросов углекислого газа в атмосферу до минимально безопасного уровня, 350 миллионных долей[6].

История изменения климата

Концепцию глобального потепления, которое мы сейчас называем изменением климата, впервые предложил шведский ученый Сванте Аррениус в статье 1896 года «О воздействии углекислоты в воздухе на температуру Земли». Аррениус предположил, что дальнейший прирост углекислого газа в атмосфере может повлечь увеличение температуры на Земле. При удвоении атмосферного CO_2 температура поверхности планеты может вырасти на 5 % [Hanania et al. 2019; Enzler 2018].

Однако к предупреждениям о том, что уже позднее стало известно, как парниковый эффект, тогда остались глухи. Тема не получила широкой общественной огласки и своевременного одобрения со стороны ученых.

В 1940–1950-х наука пришла к выводу, что океаны могут поглощать углекислый газ и тем самым смягчать эффект изменения климата. Казалось, что планета, наоборот, охлаждается. Данные Международной геосферно-биосферной программы (МГБП) показывают, что воздействие человеческого фактора на экосистемы Земли значительно усилилось именно в 50-е годы.

Лишь в 1980-х начал формироваться научный консенсус касаемо факта значительного потепления климата с 1860 года. Глобальное потепление получило название «парникового эффекта» из-за накопления углекислого газа (CO_2), метана (CH_4), окси-

---

[6] См. сайт организации. URL: https://350.org/ (дата обращения: 01.10.2023). Адриан Э. Рафтери и его коллеги на основе данных Межправительственной группы экспертов по вопросам изменения климата (МГЭИК, англ. IPCC) 2013 года полагают, что «вероятный масштаб температурного роста — 2,0–4,9 °C, с медианой 3,2 °C. Вероятность потепления менее чем на 2 °C составляет 5 %. На 1,5 °C — 1 %». См. [Raftery 2017].

Илл. В.7. Сванте Аррениус (1859–1927)

да азота (N_2O), гидрофторуглеродов (ГФУ), перфторуглеродов (ПФУ), гексафторида серы (SF_6) и других «парниковых газов» [Enzler 2018; Hanania et al. 2019; Weart 2003].

МГБП была создана в 1987 году для сбора данных и координации исследований о биологических, химических и физических процессах на поверхности Земли в их связи с социальной и экономической деятельностью человека. Целью программы было содействие в разработке пути к снижению выбросов парниковых газов ради устойчивого состояния планеты [Steffen 2004; Steffen, Crutzen, McNeill 2007].

В 1988 году Программа ООН по окружающей среде запустила Межправительственную группу экспертов по изменению климата (МГЭИК), объединившую 2500 ученых из 60 стран. С 1992 по 2014 год публиковались результаты научных исследований группы. Киотский протокол, составленный в 1998 году и подписанный в 2001-м, обязал 186 стран-участниц снизить углеродные выбросы на 5 % к 2012 году (см. далее). В 2014 году МГЭИК в своем пятом оценочном докладе указала, что человеческая деятельность с 1950-х годов — наиболее вероятная причина наблюдаемого потепления, и степень уверенности в этом выше, чем в предыдущем, четвертом докладе. Более того, чем больше вре-

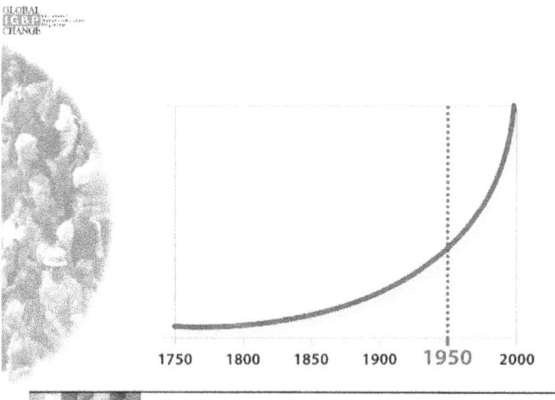

Илл. В.8. «Большое ускорение», по данным МГПБ [Steffen 2004]

мени будет затрачено на снижение выбросов, тем дороже это обойдется. Шестой доклад ожидается в 2022 году [Enzler 2018; Maslin 2004][7].

Еще более зловещим выглядит доклад, выпущенный группой 8 октября 2018 года: в нем точка чрезвычайной опасности передвинута на 2030 год: «Земля уже движется навстречу разрушительным последствиям изменения климата: засухам, недостатку пищи и смертоносным наводнениям. Чтоб их избежать, потребуются беспрецедентные усилия по снижению уровня выбросов к 2030 году». Доклад призывает к «стремительным, далекоидущим, беспрецедентным изменениям во всех аспектах жизни общества ради спасения нашей планеты»[8]. Что же в свете столь

---

[7] Шестой оценочный доклад МГЭИК опубликован в полном объеме. URL: https://www.ipcc.ch/report/ar6/wg2/ (дата обращения: 02.10.2023). — *Прим. ред.*

[8] См. [Eustachewich 2018; Miller, Croft 2018]. Изданный в США в ноябре 2018 года Четвертый национальный оценочный доклад о климате предупреждает о том, что Землю ждут новые «ураганы, торнадо, наводнения, пожары, недостаток питьевой воды, тепловые волны и засухи в масштабах планеты, если власти стран мира не примут меры, не снизят выбросы парниковых газов и не остановят постоянный нагрев Земли» [Fimrite 2018].

пессимистичных прогнозов может сделать гуманитарная наука в области распространения информации и разъяснения последствия кризиса для человечества?

Изменение климата и гуманитарные науки

Обсуждение изменения климата в естественных науках открывает возможности и для реакции со стороны гуманитарных дисциплин. Специалисты по этике, писатели, поэты, художники и теологи имеют дело с проблемами, сопутствующими глобальной смене климата, с ее влиянием на людей любой расы, класса и гендера. Они ставят следующие вопросы: что такое природа? Что означает быть человеком в эру потепления? Как человечеству при помощи технологий адаптироваться в новом мире? Ученые всех направлений могут вместе участвовать в дебатах на тему изменения климата и пытаться обнаружить новые варианты будущего.

Писатель-эколог Билл Маккиббен в своей книге 1989 года «Конец природы» утверждал, что на планете не осталось мест, не затронутых антропогенным загрязнением, включая даже атмосферу Арктики. Первая Природа (то есть дочеловеческая, созданная эволюцией) была полностью замещена человеком и его артефактами Второй Природы (природы, превращенной в товар) [McKibben 2007]. Глобальное потепление требует нового, многоуровневого понимания природы, системы природа/культура и развивающейся техноприроды.

В гуманитарном измерении подходы к изменению климата возможны в пяти пересекающихся областях: изменение климата и искусство, изменение климата и литература, изменение климата и религия, изменение климата и философия, изменение климата и этика/право. В развитие всех этих подходов ученые-естественники, историки, художники, писатели, философы и теологи внесли значительный вклад. Теоретические рамки экологического направления гуманитарных наук и новые теории этики и юриспруденции применимы и к масштабным, сложным проблемам окружающей среды.

Хартия Земли 2000 года гласит:

> Мы находимся на критическом этапе в истории Земли, когда человечество должно избрать свое будущее... при всем великолепии разнообразия культур и образа жизни мы — единая человеческая семья и сообщество единой Земли с общей судьбой. Мы должны объединиться, чтобы создать устойчивое глобальное сообщество, основанное на уважении природы, всеобщих прав человека, экономической справедливости и культуре мира... особенно важно то, что мы, люди Земли, провозглашаем нашу ответственность друг перед другом, перед великим сообществом живого, и перед будущими поколениями»[9].

В целом тема гуманитарного измерения проблемы изменения климата поможет людям решать личные дилеммы и формулировать индивидуальную этическую реакцию, в то время как органы власти должны реагировать политически. Это необходимо во имя человечества и во имя будущего планеты.

Изменение климата и политика

Какие усилия были предприняты на международном и местном уровнях для снижения количества парниковых газов? В 1997 году результатом Международной конференции по глобальному потеплению в Киото стал Киотский протокол — документ, ставивший целью к 2012 году снизить выбросы парниковых газов на 5 % от уровня 1990 года. В 2001 году протокол был пересмотрен в Брюсселе, в 2005-м его ратифицировали 30 наиболее индустриализированных стран. США и Австралия отказались присоединиться к протоколу, пока в него не будут включены развивающиеся страны. Однако внутри США в роли лидера выступила Калифорния, в 2006 году принявшая Закон о решении проблемы

---

[9] Цит. по русскоязычному тексту «Хартии Земли». URL: https://earthcharter.org/wp-content/uploads/2021/09/charter_russian.pdf?x62355 (дата обращения: 02.10.2023).

глобального потепления (AB32). Этот документ предполагал снижение парниковых газов до уровня 1990 года к 2020 году. В сентябре 2007 года действующий губернатор Калифорнии Арнольд Шварценеггер обратился к ООН с речью о необходимости срочно отреагировать на проблему изменения климата. Следующий губернатор Калифорнии Джерри Браун продолжил борьбу с глобальными последствиями изменения климата и привлек к штату, которым управлял, и его экологической ответственности внимание всего мира[10].

Ученые сходятся в том, что, если не принимать меры, последствия изменения климата будут чрезвычайно серьезными. Однако о том, как именно и до какой степени можно смягчить эти последствия, до сих пор ведется дискуссия. Среди недавних признаков глобального потепления — обесцвечивание половины коралловых рифов в мире (1998), опустошительные засухи и наводнения практически по всей планете (1995–2018), а также тот факт, что самым жарким в истории наблюдений годом стал 2016-й (по состоянию на 2019 год). Более того, некоторые события по факту оказываются еще хуже, чем прогнозы климатологов: из-за «эффекта обратной связи» значительно быстрее идет таяние ледников. В июле 2017 года от антарктического шельфа откололся айсберг размером с Люксембург. В то же время пресловутый северо-западный проход в Арктике вскоре может стать реальностью. Околополярные страны спорят за право на запасы нефти под тающими льдами. В конце 2018 года исследователи заявили, что выбросы от сжигания топлива после трехлетнего затишья снова начали расти [Keaten 2007; Alexander 2018].

Чтобы сохранить Землю такой, какой мы ее знаем, крайне важно снизить выбросы углекислого газа, перейдя на возобновляемые источники энергии, а затем связать как можно больше углерода при помощи посадок лесов и растений, а также таких методов, как подземное улавливание и хранение. В противном случае эффект от углерода в атмосфере будет сказываться на

---

[10] См. заявление Союза неравнодушных ученых [Union of Concerned Scientists 2006; Keaten 2007].

планете еще тысячи лет. Примерно одну треть углекислого газа, ежедневно выбрасываемого при горении топлива, поглощают океаны, но этот процесс повышает кислотность воды и мешает росту кораллов и панцирных моллюсков. Гораздо больше углерода поглощается в ходе более медленных процессов, таких как формирование горных пород.

На данный момент предложено множество методов и технологий, при помощи которых человек мог бы удалять из атмосферы CO_2. Жизненно важно сохранять существующие и высаживать новые леса, которые превращают CO_2 в кислород (O_2). Кроме того, есть разнообразные инженерные решения, например крупные установки на равнинах и в пустынях, улавливающие углерод напрямую из атмосферы; абсорбирующие химикаты; очистка и сжижение углерода; разные методы захоронения; разработка катализаторов, ускоряющих атмосферное старение. Самый серьезный вопрос состоит в том, насколько быстро и в каком масштабе все эти меры смогут дать результат. Без резких и немедленных перемен, способных перенести нас в эру разумного потребления, эпоха антропоцена может затянуться на столетия [Shepard 2015].

Многие считают, что реакция на глобальное потепление — «моральный императив нашего времени». Летом 2006 года вышел фильм Альберта Гора «Неудобная правда», после чего обеспокоенность публики взлетела до небес, а сам Гор и МГЭИК в 2007 году получили Нобелевскую премию мира. Гор охарактеризовал проблему как «моральный и духовный вызов для всего человечества». В 2016 году почти половина взрослых жителей США признавала, что причина глобального потепления — в человеческой деятельности, а большинство из опрошенных в 40 странах сочли эту проблему очень серьезной. Экологические курсы и программы в колледжах переполнены студентами, желающими знать все о проблеме изменения климата и о подходах к ее решению, поскольку их волнует собственное будущее и будущее детей и внуков [Leiserowitz 2007; Wike 2016].

Сценарии подходов к изменению климата варьируют от предложений не обращать на него внимания до требований немедленного принятия решительных мер, прежде чем последствия станут необратимыми. Скептики, такие как Бьорн Ломборг, полагают, что установка ограничений на выбросы парниковых газов — это слишком неэффективно и дорого, в то время как Тед Нордхаус и Майкл Шелленбергер считают политически нереальным убедить американцев пойти на перемены [Lomborg 2007; Nordhaus, Shellenberger 2007]. Тем не менее среди тех, кого опросил климатолог из Йеля Энтони Лейзеровиц, 67 % уверенно поддержали план «потребовать от автопроизводителей довести топливную экономичность легковых машин, грузовиков и внедорожников до 14,9 км на литр, даже если новая машина будет стоить на 500 долларов больше»; 64 % проголосовали за то, чтобы «каждый новый дом, будь то жилое или коммерческое здание, отвечал более высоким стандартам энергетической эффективности»; 55 % категорически согласны с тем, чтобы «электроэнергетические компании производили как минимум 20 % энергии за счет ветра, солнца и других возобновляемых источников, даже если каждая семья будет вынуждена платить за электричество в среднем на 100 долларов в год больше»; 42 % высказались за то, чтобы международное законодательство обязало США снизить выбросы углекислого газа на 90 % к 2050 году [Leiserowitz 2007].

Альтернативы антропоцену

С момента публикации статьи Крутцена и Стормера в 2000 году активно обсуждаются вопросы, связанные со значением термина «антропоцен». Вот примеры этих вопросов: что конкретно представляет собой антропоцен? Как его следует называть? Когда именно он начался и что означает для нашего будущего? Греческое слово ἄνθρωπος означает просто «человек», его латинский эквивалент — homo. Homo sapiens — род гоминидов, современный человек, появившийся в Африке примерно 200 тысяч лет назад. То есть «антропоцен» означает век человека, а точнее — век человечества.

Историки относят начало антропоцена к самым разным этапам человеческой истории, например ко времени истребления крупных млекопитающих конца последнего ледникового периода, к зарождению сельского хозяйства, к доиндустриальной эре XVIII столетия (это предлагают Крутцен и Стормер), к рождению промышленного капитализма в XIX веке (т. н. капитолоцену), к ядерной эпохе после Второй мировой войны или к «великому ускорению» 1950-х годов. Скажем, если понимать под антропоценом человеческое воздействие на планету, то отправной точкой можно считать охоту на крупных млекопитающих в сочетании с выжиганием ландшафтов 50 000 лет назад. Другую точку отсчета предлагает палеоклиматолог Уильям Руддиман, который относит начало антропоцена к вырубке лесов ради оседлого земледелия примерно 8000 лет назад. Поддерживая этот взгляд, крайне убедительно и ярко рассматривают развитие сельского хозяйства Альфред Кросби в книге «Колумбов обмен» (1972) и Джаред Даймонд в книге «Ружья, микробы и сталь» (1997) от одомашнивания таких культур, как кукуруза, бобы, тыква, пшеница, рожь и рис, а также от приручения и разведения животных (коров, свиней, лошадей, коз и овец) до воздействия европейских микробов на коренное население Америки. Однако, с моей точки зрения, антропоцен, как первоначально предлагали Крутцен и Стормер, начинается в конце XVIII века, когда выбросы от сжигания ископаемого топлива начали менять атмосферу, приводя к изменению климата [Ellis et al. 2018; Ruddiman 2003; Ruddiman 2013; Ruddiman 2005a; Crosby 1973; Даймонд 2010].

Но возможна и еще одна точка отсчета для антропоцена — это 50-е годы XX века. В 2002 году Пауль Крутцен, Уилл Штеффен и Джон Макнил предположили, что критической, *второй фазой* антропоцена стало «великое ускорение» в накоплении парниковых газов после Второй мировой войны. Этот процесс, вместе с угрозой ядерной войны, стал символом не только перемен, происходящих с планетой и ее атмосферой, но и той опасности, которую несет антропоцен человечеству и всему живому. В 2012 году во время посещения Института Макса Планка Крутцен сказал: «Я начинаю думать, что самый громкий сигнал — один из них — это ядерные взрывы, атомные испытания. Сейчас я склоняюсь к тому, чтобы объявить настоящим началом антропоцена ядерные испытания». Такая же идея высказана им в 2015 году в журнале «Бюллетень ученых-атомщиков» в статье под названием «Считать ли выпадение продуктов ядерного взрыва началом эпохи антропоцена?»[11].

Помимо этого, ученые придумали разнообразные иные имена для эпохи, в которую действия человека стали менять остальной мир: гомогеноцен, плантационоцен, хтулуцен, гиноцен и капиталоцен[12]. Что это за концепции, чем они отличаются друг от друга и можно ли их привести в соответствие друг с другом?

Термин «гомогеноцен» ввел в 1999 году Чарльз Манн, подробно разработав его в книге 2011 года «1493: открытие мира, который создал Колумб». Понятие подразумевает все большую гомогенизацию биологического разнообразия, так как человек и инвазивные виды захватывают районы планеты один за другим. Образован термин из греческих слов ὁμός («одинаковый»), γένος («род») и καινός («новый»). В качестве примера прихода гомогеноцена в Северную Америку Манн описал колонию Джеймстаун в Вирджинии в 1607 году; по его словам, это был «очаг всемирного экологического пожара»[13].

Еще один термин, «плантационоцен», указывает на эксплуатацию рабочего класса и рабов на крупных плантациях в колониях Нового Света с XVI века и далее. Плантационоцен продолжается и сейчас в виде монокультурного земледелия, товарного сельского хозяйства, промышленного производства овощей, мяса и молока. Все эти формы индустриализированного сельского хозяйства снижают биоразнообразие. Донна Харауэй изобрела

---

[11] [Crutzen 2002; Steffen, Crutzen, McNeill 2007; McNeill, Engelke 2014]. О визите Пауля Крутцена в Институт химии Макса Планка см. [Voosen 2012]. Об антропоцене и ядерной зиме см. [Crutzen, Lax, Reinhardt 2012; Waters 2015].

[12] Многие ученые, писавшие об антропоцене, предлагают для периода другие названия и датировки. См. [Haraway 2016; Haraway 2015; Moore 2017; Steffen, Crutzen, McNeill 2007].

[13] [Samways 1999; Cox 2000; Curnutt 2000; Mann 2011: 23, 30, 32, 42, 54, 95]. О различиях между гомогеноценом и антропоценом см. [Mentz 2013].

Илл. В.9. Донна Харауэй

термин «хтулуцен», что означает «щупальцевое мышление». Термин, как она пишет, образован от имени «паука *Pimoa ctulhu*, который живет под корягами в лесах Сономы и Мендосино, рядом с тем местом, где живу я, на севере Центральной Калифорнии». Паутина, сети, родство — вот ключ к пониманию хтулуцена. В эту эпоху способом «породниться» с Землей станет сбор всех отходов, произведенных человеком антропоцена, их измельчение и образование новых форм компоста для почвы настоящего и будущего [Wilcox 2018; Haraway 2015; Haraway 2016].

Еще один, хотя и не настолько разработанный термин, — гиноцен (и его противоположность, патриархалоцен). При патриархалоцене разрушение окружающей среды сопутствует патриархальному доминированию над женщинами и над планетой. Процесс можно повернуть вспять при помощи феминистского и экофеминистского движения (гиноцена), равно как и движений коренных народов, которые помогут восстановить экологическое, гендерное и в целом человеческое разнообразие[14]. Одной из

---

[14] О гиноцене см. [Demos 2015]: «Кроме того, выдвинут тезис о периоде гиноцена, который подразумевает гендерно равный, и даже преимущественно феминистский экологический интервенционализм. Концепция видит в ан-

наиболее значимых альтернатив антропоцену является капиталоцен, который мы подробно обсудим далее.

Все эти идеи и все варианты отправного пункта, с которого влияние человека начало менять планету, были порождены одностраничной статьей Крутцена и Стормера, изданной в начале нового тысячелетия, в год, когда мир начал задумываться о судьбе, которая ждет человечество в XXI веке.

Климат истории

В 2009 году в журнале «Critical Inquiry» вышла статья «Климат истории: четыре тезиса». Ее автор, Дипеш Чакрабарти, тогда работавший в Чикагском университете, а впоследствии ставший профессором Института перспективных исследований в Принстоне, поднял несколько вопросов относительно человечества как геологической движущей силы новой эпохи антропоцена.

Он рассмотрел в статье те пути, которыми человек влияет на мир и меняется сам в ходе взаимодействия с мировой системой. В ходе анализа Чакрабарти выдвинул четыре тезиса о взаимоотношениях изменений климата с историей человечества [Chakrabarty 2009].

Первый тезис — исчезновение границы между естественной историей и историей человечества. В прошлом, говоря об истории, исходили из того, что в центре внимания находится челове-

---

тропогенном геологическом насилии продолжение патриархальной доминации и связывает экоцид с фемицидом. Выступая против ужасов господства Антропоса, сторонники идеи предлагают перейти к новым формам экофеминистского управления — как в духе свойственного коренным народам почитания Матери-Земли и многообразных движений за права природы, развивающихся в Южной Америке, — так и в духе постгетеронормативной, экосексуальной заботы о Земле-как-Любимой. Примером последней могут служить полукарнавальные церемонии брака с Землей, проводимые современными художницами Бет Стивенс и Энни Спринкл. Художницы используют матримонию как радикальный акт борьбы с разрушением окружающей среды в Северной Америке, например с уничтожением гор при открытых горных работах».

Илл. В.10. Дипеш Чакрабарти

ческий мир, а окружающая среда, природа — лишь пассивный фон. Но с развитием экологического подхода во всех областях истории, начавшимся в 1970-х годах, ученые все больше стали смотреть на человека как на актора, способного менять природу. В антропоцене люди выступают в роли силы, меняющей химию планеты и ее будущее, схожей с теми климатическими флуктуациями, которые погубили динозавров.

Второй тезис Чакрабарти состоит в том, что превращение человека в новую геологическую силу меняет сам характер истории модернизации и глобализации. Например, теории XVIII века, прославлявшие свободу и равенство, теперь должны учитывать переход от дров к углю как виду топлива как еще один неотъемлемый критерий эпохи Просвещения. Если перенести внимание на антропоцен, в котором человечество играет роль геологической силы, то само понятие свобод человека ставится под вопрос. Сможем ли мы и дальше искать освобождения от угнетения или нашим новым домом станет «планета трущоб», на которой энергетический и продовольственный кризис разрушит «базовые понятия счастья и достоинства»?[15]

---

[15] [Chakrabarty 2009: 211]; цит. по: [Davis 2008].

Третий тезис касается мировой истории капитала в ее связи с историей человека как вида. Здесь важный момент состоит в том, что теории экспансии капитала и глобализации не охватывают все формы воздействия человечества на планету. Более полный взгляд с позиций «давней истории» покажет, как люди меняли Землю на протяжении последних нескольких тысячелетий. Ведь все умственные и творческие способности, позволившие человеку стать господствующим видом на планете, невозможно объяснять только в рамках капитализма/социализма. И сейчас мы используем те же самые технологии — например, сжигание ископаемого топлива, но уже рискуя погубить на планете все живое. И все же историю человечества как вида *антропос* необходимо анализировать в связке с историей капитализма, так как индустриализация XIX века была бы невозможна без инвестиций капитала и без дешевого труда.

Четвертый тезис Чакрабарти посвящен попыткам нащупать границы человеческого знания. История человечества и история природы слились в единую историю взаимодействия людей с окружающей средой, и потому нам нужно учиться смотреть на себя как на действующую геологическую силу. То есть текущий кризис нельзя свести к кризису капитализма. Смена климата началась непреднамеренно, но необходимо осознать, что именно мы как вид стали ее причиной.

Капитализм и капиталоцен

Сильным соперником термина «антропоцен» выступает «капиталоцен». Наоми Кляйн в книге 2014 года «Это меняет все: капитализм против климата» и вышедшем в 2015 году «Радикальном путеводителе по антропоцену» возлагает вину именно на капитализм, а не на человечество или человеческую природу. Те зоны, где изменение климата наиболее разрушительно сказывается на жизни людей, также отличаются расовой несправедливостью. Это поистине места, где людей приносят в жертву. Как указывает Кляйн, американцы потребляют в 500 раз больше

Илл. В.11. Наоми Кляйн

энергии, чем доступно жителям Эфиопии. Страдающие от бедности районы США также являются зонами неравенства. Чтобы в будущем планета оставалась пригодна для обитания, нужно найти новые, неэксплуататорские способы использовать природу и развивать их через низовые движения [Klein 2014].

Еще один автор, который возлагает вину на капитализм, — канадец Иэн Ангус. Ангус считает себя социалистом и издает электронный журнал по социалистической истории «Климат и капитализм». Он автор книг «Борьба с изменением климата: экосоциалистический взгляд» (2008), «Всемирная битва за климатическую справедливость» (2009) и «Перед лицом антропоцена: капитализм и кризис земной экосистемы» (2016).

В 2015 году он задался вопросом: «Говорит ли научная теория антропоцена о вине всего человечества?» Ангус указывает, что с 1751 года богатые страны произвели 80 % всех выбросов углекислого газа, в то время как самые бедные страны — менее 1 %. Он полагает, что современные графики МГБП указывают на глобальное неравенство. Изменение климата — это не следствие роста населения, как сказали бы неомальтузианцы, эта проблема вызвана капитализмом [Angus 2008, 2015, 2016].

Илл. В.12. Иэн Ангус

В противовес воздействию капитала на природу можно привести взгляды коренных народов. Люди не должны быть эксплуататорами природного мира, но быть с ним едины, и коренные народы могут дать нам примеры этики и поведения, подходящие для желаемого будущего. Такой подход отстаивает Эдуардо Вивейруш де Кастру из Федерального университета Рио-де-Жанейро. В своей статье «Обмен взглядами» он показывает, как связаны с природой и как влияют на нее коренные культуры.

Он отмечает, что у многих америндских народов не существовало различия между человеком и другими животными, такой тип онтологии он называет «перспективистским анимизмом». Атрибуты человека и зверей смешаны — раньше человек не слишком отличался от других существ. Просто животные со временем утратили человеческие качества, и на самом деле они остаются людьми, принявшими другое обличие. Мир, в котором обитают и который воспринимают они, отличается от нашего, человеческого, и лишь шаманы могут преодолеть пропасть между ними и общаться с миром фауны [Viveiros de Castro 2004]. Таким образом, взгляды коренных народов всего

Илл. В.13. Эдуардо Вивейруш де Кастру

мира могут оказаться критически важны в борьбе с последствиями влияния капитализма и антропоцена на природу. Необходимо дополнительно исследовать, как их применить к антропоцену.

Весьма убедительно высказался в пользу виновности капитала и капиталоцена как замены антропоцену Джейсон У. Мур из Бингемтонского университета, штат Нью-Йорк. О трениях между понятиями «антропоцен» и «капиталоцен» он аргументированно писал в своих статьях и книге 2016 года «Антропоцен или капиталоцен?». И, как считает Мур, мы живем не в первом, а в последнем.

Более того, новая эра началась не с парового двигателя в 1874-м, а в 1450-м, с приходом капиталистической цивилизации, завоеванием мира и появлением связей между властью, знанием и капиталом. Во время «долгого XVI века» открытие европейцами Нового Света и завоевание ими всей планеты заложило основу европейской гегемонии, а затем и доиндустриального капитализма. В чем же решение? «Покончив с угольными электростанциями, мы замедлим потепление. Но покончив с отношениями, породившими эти станции, можно остановить потепление навсегда» [Moore 2015, 2016].

Илл. В.14. Джейсон Мур

К решению разногласий

Как можно устранить разногласия между описанными ранее подходами к антропоцену? Важно, что понятие «антропос», заключенное в термине «антропоцен», относится ко всему человечеству, всем людям в мире — всех рас, любой национальности и цвета кожи, к богатым и бедным, к мужчинам и женщинам. Все люди способны мыслить и учиться, говорить и писать, слушать и слышать. Из этого следует способность познавать истину при помощи логики и математики, способность создавать машины при помощи технологий. Таким образом, все люди могут контролировать природу путем науки и техники, способность заниматься точными науками и конструировать механизмы и цифровые устройства есть у всех, независимо от гендера, сексуальной идентичности, расы и национальности. Умение мыслить наделяет способностью освоить науку и технику, вселяет силы во всех, кто маргинализирован. Но если смотреть внутрь рамок подобного равенства, то существует большой разброс возможностей и огромная разница в доступе к образованию. Образование критически важно для осознания вопросов экологии и участия в решении проблемы глобального потепления.

С другой стороны, капитализм, отраженный в понятии «капиталоцен», формирует экономико-социальные отношения, создает прибыль, власть, неравенство и угнетение. Владельцы производства и бизнеса используют технологии, нанимают работников, оплачивают их труд и приобретают выгоды вместе с прибылью. Предпринимательство всегда связано с риском: одни преуспевают, другие разоряются, и в разных странах процент успешных деловых предприятий варьируется; разные виды бизнеса используют больше или меньше природных ресурсов или дешевой рабочей силы.

Таким образом, человек как *антропос* создал науку и технику, на которых лежит ответственность за парниковые газы, глобальное потепление, таяние льдов и повышение уровня океана. Но если понимать человечество как *капиталос* и учитывать разный социальный и экономический уровень разных стран, то и их вклад в проблему объективно отличается. Одни страны наживаются и богатеют, другие эксплуатируются и нищают. Одни производят больше парниковых газов и влияют на глобальное потепление больше других. Распределение этих процессов по земному шару неравномерно.

Подытоживая все еще продолжающуюся дискуссию, можно сказать, что концепция антропоцена включает в себя капиталоцен, но при этом им и обеспечена. Людям всех биологических полов, гендеров, рас и этносов возможности мозга позволяют заниматься физикой и математикой, конструировать механизмы и электронные устройства (хотя образование доступно не всем, а способности у всех разные) — в том числе технику, которая помогает улучшать наше будущее. Колониальная экспансия, начавшаяся в Европе в конце XV века, создала предпосылки промышленного капитализма, а технологическая разработка паровой машины и научное открытие термодинамики были необходимыми условиями для его экспансии. Паровой двигатель привел мануфактуры в города, организовал капитал и рабочую силу в корпорации. Так капиталоцен выстроил те социоэкономические отношения между капиталом и трудом, которые сделали возможным открытия периода антропоцена и распространение антропогенных эффектов по всему миру. Прибыль капиталистов была основана на дешевых природных (ископаемое топливо) и человеческих (рабы, иммигранты, бедняки) ресурсах.

Это диалектический процесс. Природа и человечество существуют в динамическом взаимодействии. Обе стороны изменчивы сами по себе и формируют друг друга, их отношения можно показать, как природа ↔ человечество. История не строится на простых причинно-следственных связях, но скорее на связях двусторонних, на взаимообмене. Также и путь в перспективное будущее выглядит как движение взад-вперед; иногда как прогресс, иногда как торможение или регресс.

Человечество (как антропос) смогло подчинить себе природу благодаря механизации (математике и экспериментальной науке), появившейся во время научной революции XVII века — и благодаря таким технологиям, как горное дело и паровые двигатели. Но только капитализм и капиталистические отношения позволили предпринимателям получить контроль над ископаемым капиталом (углем, нефтью, газом) и рабочей силой (расой/гендером), что сделало возможной глобальную экспансию.

Таблица 0.1

Название	Функция
Антропос	Мозг, наука, технологии, изобретения, решения, моделирование
Капиталос	Власть, социоэкономическая организация, капитал + дешевый труд
Политикос	Политическое устройство и идеи, демократия, переговоры, дискуссии
Натура	Живая и неживая природа, экологические отношения
Диалектика	Процессы, взаимодействие, человечество и природа

В результате сжигания ископаемого топлива атмосферу начали наполнять парниковые газы. Клубы пара и фабричного дыма стали символом господства человека. В литературе и искусстве отмечены неоднозначность и даже тревога, с которой воспринимали влияние дыма на природу и людей. Как будет продемонстрировано далее в этой книге на примере изобразительных материалов и текстов, это влияние не было одинаковым для разных стран и народов.

Синтез

Синтезировать представленные идеи можно через пять терминов, приведенных в таблице 0.1, и их значение.

Эти пять концепций — инструменты, при помощи которых мы проанализируем события в области истории, науки, техники и политики, произошедшие с момента наступления антропоцена в конце XVIII века, и их влияние на последующие столетия и будущее. Дальнейшие исследования смогут более подробно обратиться к изучению культур за пределами Запада, к вопросам происхождения и значения антропоцена для Азии, Африки, Австралии, Центральной и Латинской Америки, Арктики и Антарктики[16].

---

[16] См., например, [Hecht 2018; Spangenberg 2014; Totman 2014; Elvin 2006].

Глава первая
История

В этой главе я буду рассматривать период, который охватывает эпоху с XVIII века и Просвещения и вплоть до наступающей середины XXI века, то есть то, что Пауль Крутцен и Юджин Стормер и назвали эрой антропоцена [Crutzen, Stoermer 2000]. Они считают, что после изобретения Джеймсом Уаттом парового двигателя в 1784 году человечество решительным образом изменило климат на планете. Этот же период принес рождение полномасштабного индустриального, капиталистического общества, кульминацией которого стало то, что мы сейчас переживаем, — «вторая смерть природы»[1]. Это значит, что человечество как вид — цифровой инженер, аналитик данных и манипулятор окружающей среды par excellence — вероятно, само заложило предпосылки для собственного вымирания. Нужны ли нам наряду с новыми технологиями и наукой новый нарратив, новая этика и мировоззрение, способные предотвратить потенциальную катастрофу антропоцена? Я считаю, что ответ, несомненно, положительный. Но как же мы исторически оказались в такой ситуации и как из нее выбраться?

---

[1] Моя первая книга называлась «Смерть природы: женщины, экология и научная революция». В ней я показываю, что в мировоззрении людей древности, вплоть до Ренессанса, мир был наделен телом, душой и духом, а Земля выступала как кормящая мать. Научная революция XVII века заменила это механистичным подходом, в котором материя была мертва, а Бог выступал как часовщик, инженер и математик. Эти изменения и составили «[первую] смерть природы».

Канун антропоцена

Как развитие науки и техники конца XVIII века привело к антропоцену, то есть новой геологической и экологической эре? Эпоха Просвещения, последовавшая за так называемой научной революцией XVI и XVII века, была временем оптимизма. Развитие науки, последовавшее за «Математическими началами натуральной философии» («Principia mathematica», 1687) Исаака Ньютона, породило веру в способность человека понять природу и управлять ею. Жан-Жак Руссо, Адам Смит, Вольтер, Дэвид Юм, Иммануил Кант и другие философы проповедовали научный метод познания, свободу вероисповедания, политическую независимость и равенство всех людей. Появились трактаты, суммировавшие человеческие познания о мире: «Рассуждение о происхождении неравенства между людьми» (1754) и «Об общественном договоре» (1762) Руссо, «О причинах богатства народов» Адама Смита (1776), «Энциклопедия» Дени Дидро и Жана д'Аламбера (1751–1772). В академиях, салонах и журналах обсуждали новые знания о природе и их применение[2].

Особенно важны для нашей темы стали те научные открытия, результатом которых стали сжигание огромных объемов ископаемого топлива и накачивание атмосферы двуокисью углерода и другими парниковыми газами, что в итоге и привело к антропоцену. В 1754 году Джозеф Блэк открыл, что если известняк (углекислый кальций) нагреть и подвергнуть воздействию кислот, то он выделит газ, который Блэк назвал «связанным воздухом». Это вещество не способствовало горению или самой жизни. Далее ученый доказал, что «связанный воздух» производят живые существа. В 1762 году Блэк ввел понятие латентного тепла, указав, что такое вещество, как вода, сохранит температуру в процессе испарения всего заданного объема. Этот факт критически важен

---

[2] Об истории Просвещения и о его проявлении в различных областях см.: URL: https://www.newworldencyclopedia.org/entry/Age_of_Enlightenment (дата обращения: 09.10.2023).

Илл. 1.1. Машина Ньюкомена

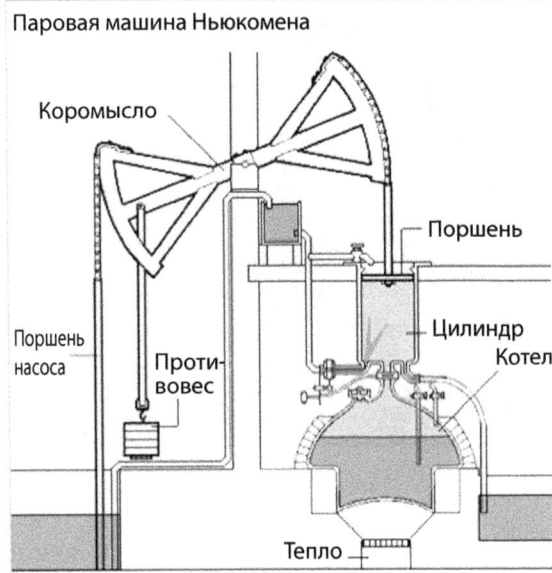

для работы парового двигателя[3]. В 1778 году Антуан Лавуазье создал термин «кислород» — «в высшей степени пригодную для дыхания часть воздуха», и открыл, что она способна подвергаться горению[4]. Но для нашей дискуссии об антропоцене наиболее важен процесс, при помощи которого паровой двигатель Джеймса Уатта превращал ископаемое топливо в парниковые газы.

Паровая машина Джеймса Уатта

Как перемещать предметы без помощи человеческой или животной силы — извечная проблема. Первые простые механизмы, созданные греками — рычаг, блок, колесо, наклонная пло-

---

[3] См. статью о Джозефе Блэке в энциклопедии «Британника», раздел «Латентное тепло и изобретение двигателя Уатта». URL: https://www.britannica.com/biography/Joseph-Black (дата обращения: 09.10.2023).

[4] URL: https://www.britannica.com/biography/Antoine-Lavoisier (дата обращения: 09.10.2023).

Илл. 1.2. Джеймс Уатт (1736–1819). Джон Партридж. Копия с портрета сэра Уильяма Бичи, 1806 год

скость и клин, — помогали увеличить силу, но все равно приводились в движение трудом человека или животных.

В Средние века водяные мельницы для перемещения предметов использовали силу тяжести падающей воды, а ветряные — движение воздуха.

Около 1712 года проповедник и кузнец Томас Ньюкомен (1664–1729), использовав труды Дени Папена, Томаса Севери и других, создал действующий паровой двигатель. В топке сжигали дрова или уголь, вода в котле превращалась в пар, который поднимал поршень в цилиндре. Затем благодаря впрыскиванию холодной воды пар конденсировался, в верхней части цилиндра возникал вакуум, и внешнее атмосферное давление толкало поршень вниз, тем самым поднимая левую часть балансира-коромысла. Таким образом, поднимаясь и опускаясь, поршень двигал балансир, который тянул, толкал, поднимал или опускал грузы без участия человеческих или животных сил[5].

---

[5] О функционировании и истории машины Ньюкомена см.: URL: http://www.animatedengines.com/newcomen.html (дата обращения: 09.10.2023) и URL: https://www.egr.msu.edu/~lira/supp/steam/ (дата обращения: 09.10.2023): «Перепад давления между атмосферой и образовавшимся вакуумом *толка-*

Машину Ньюкомена немедленно пустили в дело по всей Англии, и она значительно увеличила производительность труда. Особенно часто ее применяли для откачивания воды из угольных шахт. Но проблема состояла в том, что впрыскивание холодной воды для создания вакуума охлаждало не только пар, но и цилиндр. И его приходилось нагревать заново, чтобы произвести новый пар для следующего хода поршня, — на это приходилось тратить топливо.

В 1769 году Джеймс Уатт начал в Университете Глазго опыты с мини-моделью машины Ньюкомена с целью улучшить ее производительность. Он получил домашнее образование, его учила мать. Джеймс, как и его дед, проявлял большие способности к математике и техническому проектированию. Обучившись приборостроению, он стал смотрителем коллекции Университета Глазго.

В Глазго, работая над моделью машины Ньюкомена, Уатт обнаружил, что если добавить внешний резервуар, где будет конденсироваться пар, то не придется зря расходовать топливо, раз за разом нагревая и охлаждая один и тот же цилиндр.

Пар из котла попадал в цилиндр и, расширяясь, выталкивал поршень вниз. Затем из отдельной камеры-конденсатора в пар над поршнем впрыскивалась холодная вода, что снижало давление и толкало поршень вверх. Выше и ниже поршня были установлены стопоры, что позволяло попеременно использовать давление пара и низкое давление и необычайно повышало производительность.

ет поршень котла вниз, тем самым поднимая поршень насоса; вода поступает выше поршня и наполняет нижний резервуар насоса». См. также: URL: https://www.sjsu.edu/faculty/watkins/newcomen5.htm (дата обращения: 09.10.2023): «Паровая машина Ньюкомена работала следующим образом... поршень внутри цилиндра соединен с балансиром, на другом конце которого насос. Сперва цилиндр наполнялся паром из котла. Это выталкивало поршень вверх. Затем в цилиндр впрыскивали воду, создавая вакуум. В итоге поршень опускался, толкая вверх другое плечо, и тем самым поднимал воду. Клапаны, попеременно впускавшие воду и пар, действовали по принципу самосрабатывания, так что машина и насос могли работать непрерывно».

Илл. 1.3. Паровая машина Джеймса Уатта

В 1784 году Уатт и его партнер Мэттью Болтон запатентовали чертеж паровой машины двойного действия, и на основе их чертежа паровые двигатели начали строить по всей Англии. Вскоре их применение вышло за пределы подъема угля из шахты, появились паровые ткацкие мануфактуры, пароходы и паровозы.

Паровая машина и второй закон термодинамики

В середине XIX века физики Сади Карно, Бенуа Поль Эмиль Клапейрон и Рудольф Клаузиус занялись сложной проблемой: как увеличить количество механической работы, которую совершает машина Уатта? В процессе они открыли, что идеального парового двигателя, не теряющего тепло, не существует, и в середине века это положение стало основой второго начала термодинамики.

Сади Карно был блистательным сыном математика и военачальника французской революционной армии Лазара Карно, который научил Сади и его брата Ипполита математике, физике, музыке и языкам [Wilson 1981: 134]. Уже в 16 лет Сади поступил

Илл. 1.4. Сади Карно (1796–1832)

в Парижскую Политехническую школу и закончил ее в 18. Он служил в инженерном корпусе до 1819 года, после чего, взяв увольнительную, заинтересовался усовершенствованием парового двигателя Джеймса Уатта. Он задался вопросом: есть ли способ создать модель, действующую со стопроцентной эффективностью и превращающую все полученное тепло в полезную работу?

В то время самый совершенный паровой двигатель имел всего лишь 3%-ную эффективность. Как могла бы выглядеть и работать идеальная паровая машина?

В 1824 году, в 28 лет, Карно опубликовал небольшую работу «Размышления о движущей силе огня и о машинах, способных развивать эту силу». В ней он продемонстрировал, что эффективность паровой машины зависит только от температуры двух резервуаров — поршневого цилиндра и конденсатора-охладителя, а идеальный двигатель не имел бы трения и был бы независим от используемой жидкости [Карно 1923: 5–64][6]. Карно начинает книгу красноречивым вступлением:

---

[6] При помощи крупного рычага и колеса движение поршня можно было преобразовать в вертикальное для подъема угля из шахты или в поперечное, тянущее или толкающее тележку или иное средство.

> Никто не сомневается, что теплота может быть причиной движения, что она даже обладает большой двигательной силой: паровые машины, ныне столь распространенные, являются этому очевидным доказательством. Теплоте должны быть приписаны те колоссальные движения, которые поражают наш взгляд на земной поверхности; она вызывает движения атмосферы, поднятие облаков, падение дождя и других осадков, заставляет течь потоки воды на поверхности земного шара, незначительную часть которых человек сумел применить в свою пользу; наконец, землетрясения и вулканические извержения также имеют причиной теплоту…
>
> Из этих огромных резервуаров мы можем создавать движущую силу, нужную для наших потребностей; природа, повсюду предоставляя горючий материал, дала нам возможность всегда и везде получать теплоту и сопровождающую ее движущую силу. Развивать эту силу и применять ее для наших нужд — такова цель тепловых машин.
>
> Изучение этих машин чрезвычайно интересно, так как их значение весьма велико и их распространение растет с каждым днем. По-видимому, им суждено сделать большой переворот в цивилизованном мире [Там же: 5].

Карно назвал книгу «Размышления о движущей силе огня». Но что он имел в виду под «движущей силой»? И что под «огнем»? «Движущая сила» — количество работы (силы, действующей на расстоянии), произведенное поднимающимся и опускающимся поршнем. Понятие «огонь» Карно использовал по отношению к источнику тепла для паровой машины, то есть это дрова или уголь, сгорающие в топке. Также он исходил из распространенной тогда теории, гласившей, что тепло — это некое вещество под названием «теплород», а не движение молекул, как было выяснено позднее [Там же: 9; Fox 1971][7].

---

[7] О термине «движущая сила» см.: URL: http://www.eoht.info/page/Motive+power (дата обращения: 09.10.2023). О понятии «теплород» см. в энциклопедии «Британника». URL: https://www.britannica.com/science/caloric-theory (дата обращения: 09.10.2023): «Теория теплорода — широко распространенное в XVIII веке объяснение феномена тепла и горения через поток гипотетического невесомого флюида, названного теплородом. Идея воображаемого

Карно описал впоследствии названные в его честь «циклы Карно» (сам термин впервые использовали в 1887 году)[8]. В его описании идеальная паровая машина должна была состоять из цилиндра, поршня, рабочего тела, такого как вода (ее можно обратить в пар), источника тепла (дерева или угля) и стока (резервуара для охлажденного пара). Цикл Карно описывает процесс расширения газа ввиду поглощения тепла, произведенного в котле, а затем — его конденсации после принудительного охлаждения водой. Количество «движущей силы», то есть работы, которую может произвести паровой двигатель, критически важно для определения его эффективности. И Карно доказал, что степень эффективности зависит только от разницы температур, вне зависимости от того, какой именно газ толкает поршень[9].

потока, несущего тепло, помогала объяснить многие, но не все аспекты феномена нагрева. Она была шагом к современной концепции энергии, то есть подразумевала, что та остается постоянной в ходе многих физических процессов и трансформаций; однако эта теория мешала ясному ходу научной мысли. Теория теплорода сохраняла влияние до середины XIX века, когда в ходе множества экспериментов, в основном с механическим эквивалентом тепла, было достигнуто общее понимание тепла как формы передачи энергии и, в частности, доказано, что при совершении работы с веществом можно порождать безграничные объемы тепла». См. также [Fox 1971: 183–189].

[8] Впервые название «цикл Карно» было, судя по всему, использовано в 1887 году в энциклопедии «Британника» [Britannica, 22: 481–482] См.: URL: https://www.britannica.com/science/Carnot-cycle (дата обращения: 09.10.2023): «Цикл Карно: в тепловых машинах — идеальная циклическая последовательность изменений давления и температуры рабочего тела, такого как газ, используемый в двигателе; понятие разработано в начале XIX века французским инженером Сади Карно. Служит идеальным образцом работы всех тепловых двигателей на основе взаимодействия высоких и низких температур». Также термин использовал в 1899 году физик Джон Шедд в Университете Висконсина в Мадисоне: «Пожалуй, нет в области физики теории столь же трудной для среднего студента, чем воплощенная в так называемом двигателе Карно и цикле Карно» [Shedd 1899: 174]. Термин «двигатель Карно» использовал шотландский физик Джеймс Максвелл в 1871 году [Maxwell 1871: 148].

[9] О цикле Карно см.: URL: https://chem.libretexts.org/Core/Physical_and_Theoretical...Cycles/Carnot_Cycle (дата обращения 28.08.2023). Определение работы см.: URL: https://www.thoughtco.com/definition-of-work-in-chemistry-605954 (дата обращения 9.10.2023).

Илл. 1.5. Бенуа Поль Эмиль Клапейрон (1799–1864)

Карно умер от холеры в 1832 году, при жизни его книга о «движущей силе огня» осталась практически незамеченной. Но интересно, что спустя два года после его кончины работу открыл заново и переосмыслил Эмиль Клапейрон, как и Карно, учившийся в Парижской Политехнической школе. Клапейрон проектировал паровые машины и позднее отправился с чертежами в Англию на поиски производителя, способного создать более совершенную модель. В 1834 году он опубликовал первую работу, с заголовком, почти дублирующим Карно: «Мемуар о движущей силе огня».

Подобно Карно, он работал в рамках теории теплорода. И с самого начала отметил значимость труда предшественника и отметил важность передачи теории Карно средствами математики[10].

---

[10] См.: URL: https://thebiography.us/en/clapeyron-benoit-paul-emile [Clapeyron 1834; Clapeyron 1960: 73–74]. Словарь Merriam-Webster определяет цикл Карно как «идеальный обратимый замкнутый термодинамический цикл, в котором рабочее тело проходит четыре последовательных процесса: изотермический, расширения до желаемой точки; адиабатический, расширения до желаемой точки; изотермический, сжатия; адиабатический, сжатия до исходного состояния». См.: URL: https://www.merriam-webster.com/dictionary/Carnot_cycle (дата обращения: 09.10.2023).

Давно известно, пишет Клапейрон, что как тепло (теплород) может производить «движущую силу» (работу), так и «движущая сила» может производить тепло. В паровых машинах при осуществлении работы теплу, созданному при сгорании (сжигании угля в топке), всегда сопутствует тепло, которое собирает охладитель при более низкой температуре. «Некоторое количество теплорода *всегда* переходит от тела с заданной температурой к телу с более низкой температурой». Другими словами, было уже известно, что все количество тепла превратить в работу невозможно, но требовалось доказать это математически, чтобы можно было задать такие понятия, как тепло и температура, количественно и предсказать объем работы (курсив мой. — *К. М.*) [Clapeyron 1960: 74].

Клапейрон нарисовал трапецию, отображавшую цикл Карно, то есть механическую силу, созданную изменением количества тепла (теплорода) при передаче его из сосуда высокой температуры (котла) в сосуд низкой температуры (охладитель). Изменение, как показал Карно, не зависит от используемого газа или жидкости. Клапейрон заключил, что «теплород, переходя от одного тела к другому, поддерживающему меньшую температуру, может порождать некоторое количество механического действия». Далее он при помощи обширного набора дифференциальных уравнений вывел математическое описание того, как высокотемпературный пар остывает, производя работу [Ibid.: 78–79][11].

Профессор Манчестерского университета Эрик Мендоса (1919–2007) в 1960 году заново открыл и издал работы Карно, Клапейрона и Клазиуса. Он считал, что Клапейрон не просто внес

---

[11] «В то же время можно показать, что не существует такого газа или жидкости, которые при передаче тепла от горячего тела к холодному описанными способами создадут больший объем работы, чем другой газ или жидкость»; «При каждом соприкосновении тел с разной температурой происходит потеря живой силы (*vis viva*)» [Clapeyron 1960: 81]. Vis viva здесь — это mv^2, масса тела на квадрат его скорости, понятие, введенное Готтфридом Вильгельмом Лейбницем в 1686 году, а позднее, с добавлением ½, ставшее определением кинетической энергии ($½\, mv^2$).

Илл. 1.6. Рудольф Клаузиус (1822–1888)

вклад в открытие второго закона термодинамики, но и недвусмысленно сформулировал то, что стало первым законом термодинамики:

> Следовательно, количество механической работы и количество тепла, которые могут быть переданы от горячего тела холодному, являются величинами одной природы и возможно заменить одну на другую; таким же образом, как в механике тело, способное упасть с определенной высоты, и масса, движущаяся с определенной скоростью, — величины одного порядка, которые могут быть преобразованы одна в другую физическими средствами[12].

Таким образом, Клапейрон развивал концепции, вскоре превратившиеся в первый и второй законы термодинамики, по-прежнему работая в рамках теории теплорода, которая считала тепло веществом.

---

[12] См. [Clapeyron 1960: 81]. См. комментарий редактора Эрика Мендосы: «Этот необычайный параграф недвусмысленно формулирует первое начало термодинамики. Он позволяет подчеркнуть... что теория теплорода и теория *vis viva* не считались взаимоисключающими».

Затем в 1850 году 28-летний ученый по имени Рудольф Клаузиус опубликовал работу «О движущей силе теплоты и о законах, которые можно отсюда получить для теории теплоты».

Клаузиус, оказавшийся блистательным математиком, родился на территории современной Польши и учился в школе собственного отца. После этого он отправился в Берлинский университет, где изучал математику, физику и историю, а в 1847 году получил докторскую степень Университета Галле в Германии. Затем Клаузиус преподавал как профессор в Берлине, Бонне и Цюрихе.

«О движущей силе теплоты» Клаузиус опубликовал в журнале Поггендорфа «Анналы физики» (*Annalen der Physik*). Он отошел от термина «теплород» и использовал клапейронову идею тепла. Клаузиус отметил, что верна только первая часть написанного Карно, а именно, то, что «эквивалент работы, проделанной теплом, можно найти в простой передаче тепла от более горячего к более холодному телу». Затем он, не называя это законом, фактически сформулировал принцип, ставший известным как второе начало термодинамики: «Передача теплоты от горячего к холодному телу всегда происходит в таких условиях, когда тепло производит работу, а также когда выполняется следующее условие: рабочее тело в конце и в начале операции находится в одинаковом состоянии»[13].

В 1856 году Клаузиус издал вторую работу «О различных удобных для применения формах второго начала математической теории теплоты», в которой дополнил определение второго начала таким образом: «Теплота не может перейти от более холодного к более теплому телу, если одновременно с этим не происходит других изменений». Иными словами, для

---

[13] Работа Клаузиуса в оригинале называлась «Über die bewegende Kraft der Wärme und die Gesetze». О принципе Карно см. немецкое издание: [Clausius 1850: 372]. Формулировка второго начала термодинамики в оригинале: «Ein Uebergang von Wärme aus einem warmen in einen kalten Körper findet allerdings in solchen Fällen statt, wo Arbeit durch Wärme erzeugt, und zugleich die Bedingung erfüllt wird, dass der wirksame Stoff sich am Schlüsse wieder in demselben. Zustande befinde, wie zu Anfang» [Ibid.: 501]. Английский перевод см. в [Clausius 1899: 65–106]. См. также [Carnot 1824: 132–133].

передачи тепла от одного тела к другому должна быть проделана работа[14].

В 1865 году он опубликовал еще одну статью, «О механической теории теплоты в ее применении в паровых машинах». В ней Клаузиус ввел термин «энтропия» для обозначения потери энергии в ходе производства работы и использовал понятие «энергии» вместо «движущей силы». Также он вывел «две фундаментальные теоремы механической теории теплоты: 1) энергия вселенной постоянна; 2) энтропия вселенной стремится к максимуму» [Clausius 1867: 327–365]. Таким образом, в замкнутых системах, изолированных от окружающей среды, энергия, пригодная для совершения работы (перемещения предметов в пространстве), постоянно уменьшается. Энтропия, то есть энергия, непригодная для работы, постоянно возрастает. На практике это значит, что паровой двигатель пришлось бы поместить в контейнер, не позволяющий теплу ни войти, ни выйти, в абсолютно закрытую систему[15]. Как позднее уточнили другие исследователи:

---

[14] Английский перевод см. [Clausius 1856: 86]. В примечании на первой странице статьи Клаузиус пишет: «Этот мемуар издан в "Анналах" Поггендорфа т. xciii, с. 481, также автор ссылается на него в статье, опубликованной в данном журнале позднее. Он в значительной степени использован в мемуаре того же автора на тему паровых машин, перевод которого выйдет вскоре». Начинает Клаузиус так: «В работе "О движущей силе теплоты и о законах, которые можно отсюда получить для теории теплоты" я показал, что теорема эквивалентности тепла и работы не является противоречащей теореме Карно; напротив, их можно привести в соответствие, если внести в последнюю небольшие изменения, не влияющие на основную часть». Также см.: URL: https://www.britannica.com/biography/Rudolf-Clausius (дата обращения: 11.10.2023). Надо отметить, что определение принципа, ставшего позднее вторым началом термодинамики, Клаузиус в статьях 1850 и 1856 годов составил по-разному. В более поздней литературе возникла путаница вокруг двух разных определений и двух разных цитат.

[15] [Clausius 1867: 357]. «Предлагаю назвать величину S энтропией тела, от греческого слова ἐντροπία, "превращение". Я намеренно создал слово, наиболее похожее на слово "энергия", поскольку две величины, определяемые этими терминами, настолько близко соединены в физическом отношении, что некоторое сходство в названиях кажется желательным». См. также «О применении двух фундаментальных теорем механической теории теплоты к состоянию всей вселенной» в [Ibid.: 365]: «Таким образом, можно вы-

На примере тепловой машины можно проиллюстрировать один из множества способов применения второго закона термодинамики. Например, представим двигатель и его тепловой резервуар как части изолированной (закрытой) системы, то есть такой, которая не обменивается с окружающей средой ни теплом, ни работой. Например, двигатель и резервуар заключены в твердый контейнер с непроницаемыми стенками. В таком случае второй закон термодинамики в его упрощенной форме, представленной здесь, гласит, что какой бы процесс ни происходил внутри контейнера, энтропия в нем должна возрастать или оставаться прежней в пределах обратимого процесса[16].

Термодинамика как естественно-научное поле

Название «термодинамика» и развитие дисциплины как отдельного поля произошло в начале 1850-х годов благодаря трудам Уильяма Томсона (лорда Кельвина) и Уильяма Ренкина. Томсон, как и Джеймс Уатт, по большей части работал в Университете Глазго на берегах реки Келвин. За открытия в области термодинамики он был отмечен в 1892 году титулом барона Кельвина и затем стал первым ученым, заседавшим в Палате лордов и получившим соответствующий титул. В его честь названа абсолютная шкала температуры, которая начинается с 0° по Кельвину, или абсолютного нуля. Согласно ей, самая низкая температура, возможная в природе, равна −273,15 °C (−459,67 °F)[17].

В 1851 году Кельвин написал работу «О динамической теории теплоты», в которой, как и Клаузиус, отбросил понятие «тепло-

---

разить основополагающий закон вселенной, который отвечает двум фундаментальным теоремам механической теории теплоты. 1. Энергия вселенной постоянна. 2. Энтропия вселенной стремится к максимуму» [Magie 1963: 234, 236]. О Карно и Клаузиусе см. [Mach 1986; Hiebert 1962; Newburgh 2009].

[16] Статья «Энтропия и тепловая смерть» в энциклопедии «Британника»: URL: https://www.britannica.com/science/thermodynamics/Entropy-and-heat-death (дата обращения: 11.10.2023).

[17] См.: URL: https://www.britannica.com/biography/William-Thomson-Baron-Kelvin (дата обращения: 11.10.2023).

Илл. 1.7. Уильям Томсон (лорд Кельвин) (1824–1907)

род», выбрав вместо этого зарождавшуюся на тот момент идею тепла как движения материальных частиц.

Как он писал, учитывая, что «теплота представляет собой не вещество, а динамическую форму механического эффекта, мы полагаем, что должна существовать некоторая эквивалентность между механической работой и теплотой, как между причиной и следствием», и кроме того, «теплота представляет собой не вещество, а особый род движения». Также Кельвин немного в других терминах сформулировал второе начало термодинамики: «Невозможно при помощи неодушевленного материального деятеля получить от какой-либо массы вещества механическую работу путем охлаждения ее ниже температуры самого холодного из окружающих предметов» [Кельвин 1934: 162, 165][18].

В статье 1851 года Кельвин ссылался на работы Джеймса Прескотта Джоуля (1818–1889), который опроверг теорию теплорода

---

[18] В примечании Кельвин пишет: «Если бы мы не признали эту аксиому действительной при всех температурах, нам пришлось бы допустить, что можно ввести в действие автоматическую машину и получать путем охлаждения моря или земли механическую работу в любом количестве, вплоть до исчерпания всей теплоты суши и моря или, в конце концов, всего материального мира» [Там же].

в статье «Об изменениях в температуре при разрежении и конденсации воздуха», опубликованной в «Философском журнале» [Joule 1845: 381]. В ней Джоуль, отказавшись от теории теплорода, вместо этого предложил «считать теплоту состоянием движения составляющих тело частиц». Он описал проведенный им эксперимент, в ходе которого нагрел воду при помощи падающего груза. Груз раскручивал колесо внутри герметично закрытого сосуда. «Легко представить, как механическая сила, действующая при конденсации воздуха, может передаваться этим частицам и увеличивать скорость их движения, что и может производить эффект повышения температуры». Джоуль оказался прозорливым не только в отношении концепции теплорода, но и в отношении концепции тепла как движения частиц. Считается, что в 1847 году он случайно встретил Кельвина во время свадебного путешествия, и они посетили альпийский водопад Шамони на юго-востоке Франции. Там при помощи сверхчувствительных термометров ученые попытались измерить разницу температур воды в верхней и нижней точке водопада[19]. Теоретически вода внизу должна была быть теплее, так как кинетическая энергия падающей воды превращается в тепло, когда поток успокаивается внизу[20].

В 1852 году Кельвин опубликовал работу «О проявляющейся в природе тенденции к рассеянию механической энергии», которая привела к появлению понятия «тепловая смерть Вселенной»[21].

---

[19] См.: URL: https://www.britannica.com/biography/James-Prescott-Joule (дата обращения: 11.10.2023).

[20] См. статью Майкла Фаулера из Университета Вирджинии (весна 2002 года): «Джоуль также рассчитал, что у самого дна водопада температура воды будет теплее, чем наверху, на один градус Фаренгейта в расчете на каждые 800 футов (244 м) падения. Джоуль проводил медовый месяц возле Шамони во французских Альпах, и лорд Кельвин позже утверждал, что, когда он случайно встретил молодоженов в Швейцарии, тот был вооружен большим термометром для проверки местных водопадов (хотя принято считать, что Кельвин все выдумал)». URL: https://galileo.phys.virginia.edu/classes/152.mf1i.spring02/MayerJoule.htm (дата обращения: 11.10.2023).

[21] См.: URL: https://www.physlink.com/Education/AskExperts/ae181.cfm (дата обращения: 11.10.2023). Также URL: https://www.wolframscience.com/reference/notes/1019b (дата обращения: 11.10.2023).

Однако сам Кельвин этого выражения не употреблял, и его идея не выходила за рамки Земли [Thomson 1852; Smith, Wise 1989: 500–501]. Но при этом он сделал три важных вывода относительно рассеяния энергии Земли в будущем:

> 1. В материальном мире существует в настоящий момент общая тенденция к расточению механической энергии. 2. Восстановление механической энергии в ее прежнем количестве без рассеяния ее в более чем эквивалентном количестве не может быть осуществлено при помощи каких бы то ни было процессов с неодушевленными предметами и, вероятно, также никогда не осуществляется при помощи организованной материи, как наделенной растительной жизнью, так и подчиненной воле одушевленного существа. 3. В прошлом, отстоящем на конечный промежуток времени от настоящего момента, Земля находилась и спустя конечный промежуток времени она снова очутится в состоянии, непригодном для обитания человека; если только в прошлом не были проведены и в будущем не будут предприняты такие меры, которые являются неосуществимыми при наличии законов, регулирующих известные процессы, протекающие ныне в материальном мире [Кельвин 1934: 182].

Здесь ученый высказал идею о том, что Земля уязвима, но не из-за действий человека, как в концепции антропоцена, а из-за неумолимого и необратимого действия второго начала «термодинамики» — этот новый термин Кельвин ввел в 1854 году. Как он писал, «предмет термодинамики — отношения сил, действующих между смежными телами и отношения тепла и электрической силы» [Thomson 1882: 232].

Если мысль Кельвина, относившуюся к Земле, применить ко вселенной в целом, то понятие «тепловой смерти» будет подразумевать следующее: если считать всю Вселенную изолированной системой, то ее энтропия также возрастает со временем, и в конце концов исчезнет разница температур, позволяющая производить работу.

Как гласит более современное определение,

Илл. 1.8. Уильям Ренкин (1820–1872)

…имеется в виду, что в конце концов вселенную настигнет «тепловая смерть», так как ее энтропия последовательно стремится к максимуму, и все ее составляющие придут к тепловому равновесию при одинаковой температуре (это эквивалентно альтернативному определению энтропии как меры беспорядка в системе, то есть абсолютно случайное распределение элементов соответствует максимуму энтропии и минимуму информации)[22].

Но, учитывая последние открытия в астрономии и физике, вопрос, возможна ли тепловая смерть в расширяющейся Вселенной, остается дискуссионным[23].

В 1859 году Уильям Ренкин продолжил развитие нового научного поля, написав первый учебник по термодинамике «Руководство по паровым машинам и другим движителям» [Rankine 1859: 299–310]. В главе «О двух законах термодинамики» он объяснил

---

[22] URL: https://www.britannica.com/science/thermodynamics/Entropy-and-heat-death (дата обращения: 11.10.2023).

[23] См. статью «Что такое тепловая смерть Вселенной и где узнать о ней побольше?» (What Exactly Is the Heat Death of the Universe). См. также: URL: https://phys.org/news/2015-09-fate-universeheat-death-big-rip.html (дата обращения: 11.10.2023).

как первое, так и второе ее начало. То, что в заголовке говорится именно о паровой машине, подчеркивает значимость изобретения Джеймса Уатта для тех открытий, которые привели к разработке законов термодинамики.

В конце XIX века была создана так называемая классическая, или равновесная термодинамика, которая имела дело с закрытыми, изолированными системами: паровыми машинами, холодильниками, химическими системами. Это произошло благодаря трудам Карно, Клапейрона, Клаузиуса, Джоуля, Кельвина, Ренкина и других ученых. В дальнейшем, после развития статистической термодинамики, к которой, в частности относится уравнение Людвига Больцмана, выгравированное на его надгробии, эта научная область, казалось бы, приобрела завершенный вид[24].

Далеко-не-равновесная термодинамика

Однако во второй половине XX века бельгийский физик Илья Пригожин (1917–2003) (см. главу 5) бросил вызов второму началу термодинамики, создав теорию неравновесной термодинамики и диссипативных структур, за что получил Нобелевскую премию. В нобелевской лекции 1977 года он заявил: «Главный тезис данной лекции в том, что мы стоим лишь в начале нового этапа развития теоретической химии и физики, на котором концепции термодинамики будут играть еще более основопола-

---

[24] Уравнение Больцмана вероятностно описывает энтропию идеального газа: $S = k.\log W$. О Людвиге Больцмане и его формуле энтропии для кинетической теории идеальных газов см.: URL: https://www.britannica.com/biography/Ludwig-Boltzmann (дата обращения: 11.10.2023) и URL: http://www.eoht.info/page/S+%3D+k+ln+W (дата обращения: 11.10.2023). В статистической механике уравнение Больцмана определяет энтропию идеального газа S через величину W, количество реальных микросостояний системы в отношении к макросостоянию, где k — постоянная Больцмана, $1{,}38065 \times 10^{-23}$ Дж/К. Вкратце формула Больцмана показывает отношение между энтропией и количеством способов, которыми можно упорядочить атомы или молекулы термодинамической системы. Благодарю Перси Дьякониса из Стэнфордского университета за указание на эту формулу.

гающую роль» [Prigogine 1977]. Пригожин считал, что классическая термодинамика описывает системы, находящиеся в равновесии или близкие к нему, например такие как часовой маятник, паровые машины, планетарные системы. Это стабильные системы, в которых небольшие возмущения корректируются поправками и адаптациями.

Они описываются математически при помощи великих открытий XVII и XVIII веков в области математического анализа и линейных дифференциальных уравнений. Но что будет, если возмущения столь велики, что система не может к ним адаптироваться? В таких системах, далеких от равновесия, берут верх нелинейные отношения. И при них даже небольшие новые вводные могут иметь неожиданный эффект.

Неравновесная термодинамика Пригожина делает возможным спонтанное рождение более высоких уровней организации из беспорядка, возникающего при распаде систем. Его подход относится к социальным и экологическим системам, так как они скорее открыты, чем закрыты, и позволяет объяснить биологическую и социальную эволюцию. В царстве биологии при распаде старых структур небольшой толчок может привести (хотя и не всегда приводит) к положительной обратной связи, которая создает новые энзимы или клеточные структуры. В рамках социологии могут произойти революционные изменения. При масштабной социальной или экономической революции общество перегруппируется вокруг новой социально-экономической формации: так произошел переход от охоты и собирательства к сельскому хозяйству или от феодализма к доиндустриальному капиталистическому обществу. В области науки революционные изменения влекут за собой сдвиг парадигмы к новым объяснительным теориям — например, переходу от птолемеевой геоцентричной картины мироздания к гелиоцентричной коперниковской [Prigogine, Stengers 1984][25].

---

[25] Последние два абзаца основаны на работе [Merchant 2013]. О смене концепции, существовавшей бóльшую часть ранней истории и математически описанной Птолемеем (100–160 годы до н. э.) на гелиоцентрическую вселенную Николая Коперника (1473–1543) см. [Kuhn 1957, 1962].

Илл. 1.9 и 1.10. Надгробие на могиле Людвига Больцмана (1844–1906) в Вене и его уравнение энтропии

Первый и второй законы термодинамики, созданные в XIX веке, описали отношения между тепловой энергией и работой (передвижением предмета в пространстве) и помогли объяснить причину того, что эффективность парового двигателя ограничена. Первый закон постановил, что энергия вселенной постоянна, она лишь меняет свою форму (например, из механической становится электрической, химической, биологической). Второй закон говорит, что общее количество энергии во вселенной, доступной для совершения работы, постоянно снижается; энтропия же, наоборот, постоянно возрастает. Второй закон относится к закрытым системам, близким к равновесию (таким как паровой двигатель и холодильник), а неравновесная термодинамика, созданная во второй половине XX века, предполагает, что открытые системы могут при определенных условиях реорганизовываться в новые формы (от клеточного уровня до уровня социума).

Второй закон термодинамики имел грандиозное значение для исторического периода, начавшегося в 1780-х с паровой машины Джеймса Уатта. Оптимизм Просвещения XVIII века угас, за ним открылись новые пределы достижимого. Но, хотя теперь идея бескрайних возможностей человека на Земле оказалась жестоко скомпрометированной, паровой двигатель прижился. Он стал основой парохода, поезда, фабрики и всей эры индустриализации, он начал выплевывать в атмосферу потоки углекислого газа, создаваемого сжиганием ископаемого топлива. С появлением двигателя внутреннего сгорания, автомобилей, самолетов, а затем и дизельных машин в воздух и в океан попадало все больше и больше CO_2, что привело к глобальному потеплению. В этой главе я сосредоточилась на паровом двигателе Уатта и истории термодинамики, но история паровых машин в иных странах мира и последствия их применения также требуют изучения.

Эра антропоцена, в которую человек стал способен вызвать на планете новую «смерть природы», стала кошмаром XXI века. Живопись, литература и поэзия, к которым мы обратимся в следующих главах, подчеркивают потенциально необратимые эффекты влияния парового двигателя на человечество и планету — и задаются вопросом, как все-таки можно дать им обратный ход.

Глава вторая
Искусство

Художники и фотографы, занимающиеся темой глобального потепления, считают, что визуальные искусства необходимы для информирования широкой аудитории и достижения того понимания проблемы смены климата, которое способно повлечь серьезные перемены в политике. В последние годы этим вопросом занимаются некоторые ученые: живопись и фотография действительно могут стать значимы для проблемы потепления. Слова уступают место образам не только в галереях и музеях, но и в СМИ. В газетах, журналах, официальных изданиях изображения передают информацию и задают вектор ее восприятия. Визуальное искусство, как и литература, может показать, как меняется ландшафт по мере усугубления глобального потепления. В этой главе я покажу, как художники подходят к стандартному нарративу «человек / окружающая среда», в котором человек занимает привилегированное положение среди других видов и при этом отделен от природы. Художники действительно способны менять наше отношение к тому, что означает прогресс.

Искусство паровой эпохи

Паровой двигатель питал значительную часть живописи и литературы XIX века. Он запустил процесс появления в городах мануфактур, а также консолидацию труда и капитала в корпорациях. Помимо этого, паровая машина породила транспортную революцию (от лошадей и мулов к паровозам и пароходам), рыночную (от кооперации к конкуренции и прибыли) и экологическую, принесшую загрязнение атмосферы, выбросы парниковых газов и изменение климата ввиду сжигания ископаемого топлива.

Господство человека над природой опиралось на достижения научной революции и подпитывалось новыми технологиями, из которых особую роль сыграли паровая машина и добыча ископаемого топлива: угля, нефти и газа. В процессе промышленного развития капитал концентрировался в руках владельцев фабрик и элит, а труд обеспечивал рабочий класс, получавший низкую плату. Так труд стал средством капиталистической экспансии. Черный дым из труб и запах гари в воздухе стали признаками появления в атмосфере парниковых газов. В живописи и литературе фабричный дым, дымы паровозов и пароходов стали символами человеческого могущества. Но в то же время в произведениях искусства проявлялось двойственное отношение к тому, что новая техника делает с человеком и природой. Изображения и описания этого процесса наводняют искусство XIX века, и сейчас мы можем интерпретировать их с точки зрения как развития человечества, так и упадка окружающей среды.

Железные дороги и индустрия

Первая пассажирская железная дорога была создана в Англии: в 1825 году Джордж Стивенсон построил линию Стоктон — Дарлингтон. По ней курсировал паровоз под названием «Ракета». В 1830-м за первой линией последовала вторая, Манчестер — Ливерпуль. Влияние паровозного дыма на повседневную жизнь было заметно сразу же, и это вызвало немалое беспокойство. В письме в газету «Leeds Intelligence»r от 13 января 1831 года говорится:

> У самого пути этой железной дороги я построил себе уютный дом. Из него открывается приятный вид на окрестности. Представьте, друг мой, мой ужас: я сижу за завтраком

Илл. 2.1. Локомотив пересекает сельскую местность

с семейством, наслаждаясь чистотой летнего воздуха, и вот в один миг мое жилище, святыня мира и покоя, наполняется густым дымом зловонных газов; скромный, но чистый стол покрыт сажей, лица жены и родных практически неразличимы в отравленной атмосфере. Ничего не слышно, кроме лязга железа, богохульных песен и омерзительной брани тех, кто управляет этими адскими машинами [Jackman 1962, 2: 497–498].

Сельский пейзаж оказался изуродован «клубящимся повсюду дымом». Жители окрестностей железной дороги Лондон — Бирмингем в 1825 году спрашивали: не пострадают ли при ее прокладке пастбища их коров, не испортит ли черный дым овечью шерсть? Будут ли лисьи тропы уничтожены? Не перестанут ли курицы нестись? [Ibid.: 498].

Стационарные паровые двигатели освободили текстильную промышленность от зависимости от рек, чтобы управлять мельницами. Они обеспечивали энергию летом, когда ручьи пересыхали, и с ними производство можно было размещать в городах.

Илл. 2.2. Стационарный паровой двигатель производства Брэдли, завод Gooder Lane Ironworks, Брайхаус, 1880-е годы. Музей Stott Park Bobbin Mill

Овечью шерсть пряли, наматывали на катушки (шпули) и ткали на станках сукно. Затем его красили, кроили и шили одежду. К примеру, английская фабрика Stott Park в Камбрии, построенная в 1835 году и производившая деревянные катушки для ланкаширских и йоркширских заводов, в 1880-х годах обзавелась паровым двигателем.

Первые паровые машины в живописи

Английский художник Уильям Тёрнер создал несколько картин, где в пейзаж включены пароходы и паровозы.

«Последний рейс корабля "Отважный"» 1838 года демонстрирует «грубую механическую мощь окутанного дымом парового буксира» [Howarth 2015]. На холсте 1844 года «Дождь, пар и скорость» «поезд мчится по мосту, настигая зайца, который несется по размытой бурой насыпи» [Thomas 2016].

Илл. 2.3. Уильям Тёрнер (1775–1851). Автопортрет, около 1799 года

Илл. 2.4. Последний рейс корабля «Отважный», 1838 год

Илл. 2.5. Клод Моне (1840–1926). Вокзал Сен-Лазар. Прибытие поезда из Нормандии, 1877 год

Зритель получает мощное впечатление беспощадной скорости поезда и задается вопросом: сумеет ли заяц спастись? Можно ли вообще спастись? Спасется ли человечество? Картина выражает восхищение скоростью новых поездов, работающих на угле, и новыми технологиями, но также ставит тревожные вопросы. Какую угрозу несет человек Земле? Чего нам стоит больше опасаться — благоговения перед дикой природой или ее гибели?

Парижский вокзал Сен-Лазар был открыт в 1870-х и вдохновил мастеров живописи на создание множества картин, посвященных прибытию поездов. Эдуард Мане (1832–1883) в 1870 году написал в пригороде Парижа «Железнодорожную станцию в Со». Пейзаж на картине укутан белым снегом, тусклые поля накрыты серыми облаками[1]. В 1877 году Клод Моне написал картину «Вокзал Сен-

---

[1] О железнодорожных картинах Мане и Моне см.: URL: https://www.theguardian.com/uk/2005/apr/14/transport (дата обращения: 12.10.2023).

Илл. 2.6. Поезд спешит по рельсам в фильме братьев Люмьер 1896 года

Лазар, поезд из Нормандии», в которой импрессионизм сочетается с реализмом. Черный паровоз прибывает на станцию на фоне туманных синеватых облаков и клубов дыма. Он символизирует господство техники, созданной человеком, над крохотными темными фигурками людей, ждущих на станции.

Возникает вопрос: как можно контролировать такую технику? Какая судьба ждет человечество, когда мир заполонит дым и грязь, создаваемые чудовищными машинами? Эти картины свидетельствуют о развитии паровых перевозок и индустриализации вне Англии и той неослабевающей силе, с которой прогресс продолжал действовать на фантазию художников, заставляя изображать на холсте свои мысли о последствиях прогресса для человечества. Один из самых первых в мире фильмов — «Прибытие поезда на вокзал Ла-Сьота», снятый в 1895 году и изображающий станцию на юго-востоке Франции. Считается, что на первом показе фильма Огюста и Луи Люмьеров в январе 1896 года возникла паника, перепуганные зрители бросились к выходу.

Искусство Соединенных Штатов

В начале XIX века паровые суда появились на реках и каналах Соединенных Штатов, вскоре за ними последовало строительство железных дорог и все большее количество паровозов. Энергия пара также позволила переводить мануфактуры и фабрики в города. В 1811-м был построен первый паровой двигатель для Мидлтаунской шерстопрядильной мануфактуры в Коннектикуте. К 1838 году ткацкое производство Новой Англии уже обеспечивали 317 паровых двигателей. Для перевозки текстиля и других товаров строились железные дороги; и вскоре пар и черный дым заняли свое место в пейзаже.

На речных путях пароходы заняли место барж, которые тянули мулы вдоль пешеходных дорожек у каналов. При помощи шлюзов суда поднимались и спускались по каналам, соединявшим фабрики с рынками. Первыми каналами, по которым ходили пароходы, стали Мидлсекский канал, соединивший в 1803 году Бостон и Лоуэлл в штате Массачусетс; канал Эри, проложенный через север штата Нью Йорк в 1825-м; канал Блэкстоун, в 1828-м прорытый от Провиденс (Род-Айленд) до Вустера (штат Массачусетс); а также каналы между Великими озерами и реками Огайо и Миссисипи, достроенные в 1830-х годах.

Многие картины XIX и XX веков демонстрируют воздействие паровых машин на ландшафт Америки. Из труб пароходов и фабрик на картинах струится черный дым. В конце XIX века в американском искусстве утвердилась идея вероятного негативного влияния паровых машин на природу. На картине Эндрю Мелроуза «На Запад звезда Империи держит путь» (1867) поезд с ярко сияющим головным прожектором вырывается из леса. Олени, перебегавшие дорогу, замирают на путях, зачарованные ярким светом. Как указывает историк Уильям Кронон, полотно делится на две части строго по диагонали. Справа — возвышенное, дикая природа. Справа — пастораль. Все деревья срублены, на вырубке стоит фермерский дом. Паровоз вторгается в мир дикой природы. Олени в испуге спасаются от яркого сияния бегством, но куда им бежать? Родной дом уничтожен, теперь в преображенном пространстве построен дом человека. Звезда Империи спешит на Запад, а они полностью теряют свое место в природе[2].

Многие живописцы XIX века хоть и считали дикую природу чем-то позитивным, но вместе с тем радовались прогрессу Америки. Поэтому сюжеты их работ порой неоднозначны: в них и восхищение восходящей траекторией развития страны и от-

---

[2] См.: URL: http://www.williamcronon.net/courses/469/handouts/469-telling-tales-on-canvas.html (дата обращения: 16.10.2023), см. также [Cronon 1992].

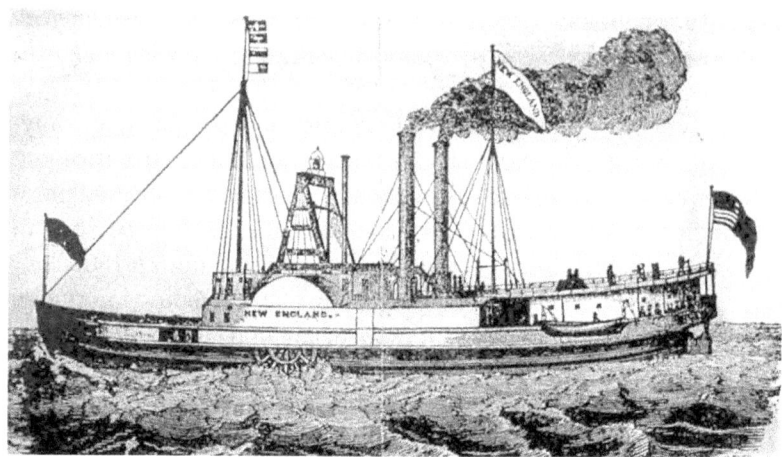

Илл. 2.7. Пароход «Новая Англия», 1919 год

Илл. 2.8. Южно-Бостонская сталелитейная компания. Гравюра, 1884 год

Илл. 2.9. Эндрю Мелроуз. На Запад звезда Империи держит путь, 1867 год

чаяние от того, что природа из нее изгоняется. Художники размышляют над идеей империи и прогресса, наслаждаются ею и одобряют ее, даже оплакивая при этом потери.

Система паровых перевозок превратила США в единый обширный рынок продовольственных и промышленных товаров, разделенный на области специализации. Этими областями были Юг, Северо-восток, Среднеатлантическое побережье и Запад. Восток с Западом соединяла сеть трансконтинентальных железных дорог; в 1869 году пути, проложенные компаниями «Юнион Пасифик» и «Сентрал Пасифик», соединились у Промонтори-Пойнт в штате Юта. Созданная в основном руками китайских рабочих, эта транспортная система сделала из США единый рынок.

Церемония соединения путей прославляла покорение широких равнин страны, ровнение ее гор и сглаживание изгибов. Преподобный Двинелл в своей поздравительной проповеди цитировал пророка Исайю (40:3–4): «Приготовьте путь Господу, прямыми сделайте в степи стези Богу нашему; всякий дол да наполнится, и всякая гора и холм да понизятся, кривизны выпрямятся и неровные пути сделаются гладкими».

Илл. 2.10. Джон Гаст. Американский прогресс, 1872 год

Джон Гаст в своей картине 1872 года «Американский прогресс» недвусмысленно следует нарративу покорения страны. Слева, по направлению к западу, лежит Природа активная, живая, темная, дикая и необузданная, — полная, как сказал бы Уильям Брэдфорд, «диких зверей и людей». Бизоны, волки и олени бегут в мрачном хаосе, рядом с ними — индейцы с их лошадьми и повозками. В правой части, по направлению к востоку, — Природа упорядоченная, цивилизованная, прирученная. Ее уже не надо бояться или подвергать сексуальному насилию, она словно ангел парит в воздухе в белых развевающихся одеяниях, увенчанная звездой империи. В левой руке она несет телеграфный провод, символ высшего уровня коммуникации: речь передается по воздуху, слово или логос звучит свыше. Образ господства логики, или чистой формы, повторяется в образе книги, которую фигура держит в правой руке, вместе с мотком проводов. Она представляет город и гражданственность — наивысшую ступень природы. Это чистая платоновская идея, отображенная в женском образе, преобразующая и упорядочивающая все, что лежит ниже. Но самое главное — мужчины-американцы, которые проложили ей путь. Это они рассеяли тьму, они дрались с индейцами, били медведя и буйвола. Впереди продвигаются крытые повозки с первопроходцами Запада, старатели эры золотой лихорадки и почтовый курьер. Фермеры пашут поля рядом со своими грубыми хижинами, огражденными заборами. Они заселили и приручили Землю. Сзади следуют поезда и дилижансы, они несут новые волны поселенцев. На правой границе картины — Атлантическая цивилизация: в Новый Свет прибывают корабли со всеми плодами искусства Старого Света. Сама картина — оживший нарратив прогресса, движение с востока на запад говорит о восхождении и завоевании. И все же черные клубы дыма предвещают приход эры антропоцена [Merchant 2013: 109].

В 1931 году Джон Кейн написал картину «Долина реки Мононгахелы, Пенсильвания», также прославлявшую индустриализацию. Почти все внимание на ней уделено производству, все говорит о триумфе прогресса. Индустрия включена в пейзаж без каких-либо настораживающих, проблематичных деталей. Из труб фабричных угольных печей и труб барж, работающих на угле, валит черный дым, но в основном заметен пар, белый и безобидный. На переднем плане картины — забор, огораживающий поле. Пассажиры, сойдя на станции в центре картины, попадают в долину реки, которая течет к Питтсбургу, центру железной и угольной индустрии. Антрацит, добываемый в Пенсильвании, был главным источником топлива паровых двигателей. Вдоль дороги теснятся фабрики и дома заводских рабочих. Справа движется грузовой поезд с паровым локомотивом [Cronon 1992: 84–85, рис. 51].

На этой картине показаны несколько источников паровой энергии, движущей силы индустриализации: паровая баржа, фабрики, двигатели паровых локомотивов. По диагонали расположены доки, в которых сырье, доставленное поездами, и продукты производства фабрик загружают на баржи и отправляют

Илл. 2.11. Джон Кейн (1860–1934). Долина реки Мононгахелы, 1931 год

по реке. Обилие ящиков и бочек для товаров и угля говорит о бурно развивающейся промышленности. Транспортная революция объединила речные перевозки с железнодорожными, и вместе они обеспечили рыночную революцию.

И все же, несмотря на то что художник воспевает прогресс, в его работе присутствует — намеренно или нет — и доля критики. В ландшафте видны своего рода дефекты: холмы на заднем фоне лишились деревьев, на равнину наложена прямолинейная решетка полей. Уже в этой картине, воспевающей прогресс конца XIX — начала XX века, заложены основы экологической критики; об этом говорят изуродованный ландшафт, загрязненный воздух и вода. Основной сюжет тем не менее — история прогресса: дым — это хорошо, он необходим для экономического развития. Но сегодня мы можем считать те же самые символы совсем не так, как это делали 100 лет назад. Мы видим в картине намек на упадок, с точки зрения эколога, эти элементы прогресса выглядят как уродливые деформации. Но для наших предшественников XIX века это были памятники развитию, свидетельства положительных перемен.

Труд на железной дороге

Если паровой двигатель — фирменный знак антропоцена, ископаемое топливо — источник его энергии, а пар — одно из самых ярких проявлений, то те, кто работал над открытием и применением энергии пара, — силы антропоцена. Это ученые, инженеры и технологи, проектировавшие и развивавшие двигатель; производители, со временем создавшие множество его моделей; и наконец, мужчины и женщины как вольнонаемные или рабы, трудившиеся на железной дороге. Различные системы производства и их модификации лежат за пределами нашей книги, но стоит обратить внимание на то, какие именно рабочие строили и обслуживали машины и пути. Здесь изобразительное искусство и визуальный ряд снова помогут нам пролить свет на это измерение антропоцена.

До Гражданской войны темнокожие рабы трудились на всех крупных железных дорогах восточных штатов, использование «негров-работников» продолжалось и после войны.

На западе при прокладке дорог на восток, навстречу путям, шедшим через Великие равнины и Скалистые горы, использовали китайскую рабочую силу. Женщины обслуживали пути и даже работали машинистками паровозов, особенно во время Второй мировой войны. Ряд иллюстраций указывают на их изнурительный труд и долгие рабочие дни, характерные для строительства и обслуживания железных дорог. Эти образы раскрывают нам особенности труда при антропоцене, который здесь уместно перевести как «эра мужчины», — или, в более негативных терминах, назвать патриархалоценом, андроценом или слэйвоценом. Хотя надо сказать, что в последние годы в желез-

Илл. 2.12. Путейщицы железнодорожной компании Балтимора и Огайо, 1943 год

нодорожной индустрии женщины и темнокожие люди перешли также на должности машинистов и машинисток и начали занимать руководящие посты[3].

---

[3] О труде темнокожих в железнодорожной индустрии см.: URL: https://blackthen.com/the-four-major-rail-networks-enslaved-african-labor-help-build-in-north-america/, а также URL: https://opinionator.blogs.nytimes.com/2012/02/10/been-workin-on-the-railroad/ (дата обращения: 16.10.2023). О женском труде см.: URL: http://www.interrail-signal.com/women-workin-on-the-railroad/ О темнокожих инженерах см.: URL: http://www.allenandallenmodelrailroading.com/Rail-History.html, а также URL: https://www.pinterest.com/xbowler/railroad-paintings-and-art/ (дата обращения: 16.10.2023). Фотографии женщин на железных дорогах можно увидеть в одноименном профиле Georgia State Railroad Museum на Pinterest, URL: https://www.pinterest.com/gsrm/women-in-railroading/ (дата обращения: 16.10.2023). О женщинах, занимающих руководящие посты в железнодорожной индустрии, см. официальный сайт Лиги железнодорожниц (League of Railway Women, LRW). URL: https://www.railwaywomen.org/ (дата обращения: 16.10.2023).

Илл. 2.13. Афроамериканские работники железных дорог. Компании часто покупали или арендовали рабов у их владельцев. Как правило, эти люди занимались расчисткой, укладкой рельсов и возведением полотна. В годовых отчетах рабы регулярно фигурируют в виде строчки расходов, их часто обозначали как «чернорабочих», «цветных чернорабочих», «наемных негров», «негритянскую собственность» или «рабов»

Илл. 2.14. Женщина-инженер. Железная дорога Ллангоплена, Уэльс, 2009 год

Искусство будущего

Если мы сможем к концу XXI века перейти из эры антропоцена в эру разумного потребления, то как будет выглядеть искусство будущего? Если, как многие предсказывают, мир уйдет от ископаемого топлива к солнечной энергии и другим возобновляемым источникам (см. эпилог этой книги), то образы паровых двигателей, пароходов и черных клубов дыма будут служить лишь напоминанием об ушедшей эпохе с ее парниковыми газами, грязным воздухом и нездоровым образом жизни. Беспилотные автомобили, электрические подземные поезда, велосипеды — и образ жизни, основанный на работе из дома и солнечной энергии, заложат фундамент для нового искусства.

Вот некоторые технологические новинки, описанные инженером Тони Торном, которые могли бы стать основой искусства будущего [Thorne 2015]:

> Беспилотные машины: первые беспилотные автомобили поступят в массовое обращение в 2018 году. Примерно в 2020 году вся индустрия начнет рушиться. Никому больше не захочется иметь личный автомобиль. Можно вызвать машину по телефону, она приедет к вам и отвезет к месту назначения. Ее не нужно парковать, оплачивается только расстояние, а время поездки можно проводить с пользой. Возможно, наши дети уже не будут получать права и не будут иметь автомобилей.
> Автономные транспортные средства изменят облик городов, потому что количество авто сократится на 90–95 %. Можно будет даже превратить опустевшие парковки в парки.
> В 2020-х электрокары станут обыденностью. В городах снизится шум, поскольку все новые машины будут работать на электропитании. А электричество будет необычайно дешевым и экологичным: производство солнечных батарей уже 30 лет растет по экспоненте, и скоро мы увидим накопительный эффект.
> В прошлом году в мире было введено в строй больше солнечных энергоустановок, чем установок на ископаемом топливе. Энергокомпании отчаянно пытаются ограничить

доступ к сетям, чтобы избежать конкуренции со стороны частных домашних установок, но долго это не продлится. Технологии одолеют эту стратегию.

Дешевое электричество означает дешевую воду в изобилии. Для опреснения морской воды требуется всего 2 кВт·ч на кубический метр (это 0,25 цента). В большинстве регионов нет недостатка в воде как таковой, есть нехватка питьевой воды. Представьте себе: каждый человек сможет получить сколько угодно чистой воды практически бесплатно.

Образы и репрезентации будущего, критикующие эру ископаемого топлива и изменения климата, уже, по сути, созданы различными художниками. Среди самых известных достижений — работы Олафура Элиассона. Так, осенью 2007 года на выставке в Музее современного искусства Сан-Франциско (SF-MOMA) зрители, вооружившись серыми одеялами, могли войти в зал, где при температуре −12,2 C° был выставлен «ice car», гоночная BMW с водородным двигателем, покрытая толстым слоем льда. Элиассон надеялся, что такой образ заставит задуматься о связи дизайна машин и глобального потепления. Как и многие художники, обращающиеся к проблеме смены климата, Элиассон стремится при помощи искусства создать осведомленность об окружающей среде, информировать аудиторию, предлагает зрителю принять на себя ответственность, запустить перемены в обществе. Он надеется, что его творчество спровоцирует более ответственное социальное поведение. Как сказал сам Элиассон: «Самым интересным для меня в этом исследовании на тему движения и экологически возобновляемой энергии стало то, что оно укрепляет осознание того, как именно мы, индивидуумы, перемещаемся в нашем общем, сложном, полифоническом мире» [Eliasson 2006].

Проект «Мыс прощания» (Cape Farewell) организует арктические экспедиции для художников, ученых и журналистов. Его цель — увеличить интерес к вопросам экологии и привлечь общественность и образовательные учреждения к более плодотворным дебатам на тему смены климата. Основатель программы Дэвид Баклэнд верит в силу искусства и его способность принес-

Илл. 2.15. «Ваши мобильные ожидания: проект BMW H2R». Олафур Элиассон. 2007 год

ти политические перемены. «Одно выдающееся изображение, — говорит Баклэнд, — или скульптура, или мероприятие прозвучит громче, чем целые тома научных данных, и немедленно захватит воображение публики» [Cape Farewell Project 2005].

Похожим образом журналист Алекс Моррисон отзывался о выставке «Изображая перемены» (Envisioning Change), которая путешествовала по миру с 2007 по 2008 год. Выставка представляла собой хронику воздействия смены климата на полярные регионы, Анды и Гималаи. «Прекрасные, заставляющие задуматься, порой шокирующие образы, действуют на зрителя на том эмоциональном уровне, которого одними словами не достичь» [Morrison 2007]. Цель в том, чтобы нагляднее продемонстрировать, как смена климата влияет на самые холодные области Земли, заставить людей поменять свое поведение, чтобы замедлить климатические изменения.

Все больше людей живут в городах и все меньше и меньше тех, кому посчастливилось провести детство или даже проводить лето на природе. Во все более перенаселенных городах визуальное искусство — один из лучших способов рассказать сразу большому числу американцев о богатом наследии эстетики дикой природы, сыгравшем такую важную роль в экологических движениях прошлого и настоящего: от акций за создание парков начала XX века и масштабных законодательных инициатив 1970-х до современной реакции на глобальное потепление. Важнейший импульс сейчас могут дать изменения, происходящие в лесах и парках. Приведем лишь один душераздирающий пример: Национальный парк «Глейшер» столкнулся со значительным сокращением площади активных ледников.

Визуальные образы могут ключевым образом поменять как личное поведение, так и общественную политику в будущем. Встреча с искусством поможет перейти к индивидуальным и коллективным действиям. Непосредственно человек сталкивается со сменой климата лишь в виде недолгой жары летом или нового мощного урагана, но это начало осознания, и если к нему добавить мощное воздействие искусства, то оно стимулирует смену поведения в более долгосрочной перспективе. Соответственно, наблюдение выразительных произведений искусства тоже вдохновляет перемены в обществе. Следует изучить гораздо больше предметов искусства, чем те, которые я привела в этой главе, и особо надеюсь, что ученые расширят границы темы за пределы Европы и Соединенных Штатов и займутся искусством других стран и континентов, а также что в новых исследованиях будут разработаны вопросы расы, класса и гендера.

Глава третья
Литература

Существует богатая история литературы, крайне актуальной для эры антропоцена. Она включает таких поэтов, как Уильям Вордсворт, Уолт Уитмен, Роберт Фрост, Гэри Снайдер и Роберт Хэсс; таких писателей, как Чарльз Диккенс, Натаниэль Готорн, Джон Стейнбек, Ральф Уолдо Эмерсон, Генри Дэвид Торо, Альдо Леопольд, Джон Макфи, Барбара Кингсолвер и Энни Диллард. Все эти авторы размышляли над тем, какие огромные перемены приносит ускорение темпа жизни, запущенное паровым двигателем, и над уничтожением окружающей среды из-за воздействия угля и дыма — главных символов антропоцена и смены климата.

Изменения, произошедшие в ходе индустриализации, заметно повлияли на многих выдающихся авторов в области гуманитарной экологии. Альдо Леопольд, например, был натуралистом, экологом и фермером, равно как и зеленым философом. Он вырос в Айове, в доме на утесе над железной дорогой, и ухаживал за будущей женой Эстеллой, прогуливаясь с ней под руку по путям линии Санта-Фе. Энни Диллард провела детство среди лесов и рек Пенсильвании; позднее она оплакивала то, что сотворила индустриализация с ее вирджинским домом в долине Роанок. А Джон МакФи и Барбара Кингсолвер вдохновлялись тем, что осталось от американской дикой природы, и горевали о том, как смена климата влияет на земли и исчезающие виды [Gulliford 2016; Dillard 1974; Kingsolver 2012].

В этой главе мы поговорим об английских и американских писателях, откликавшихся на первые последствия царства угля и пара, а также займемся теми современными авторами, которые

Илл. 3.1. Уильям Вордсворт (1770–1850). Портрет работы Сэмюеля Кроствэйта, 1844 год

обсуждают значение антропоцена для народов мира современности и будущего. В дальнейшем течение XXI века потребует дополнительных исследований и публикаций на эту тему.

Литература Британии

Еще в 1814 году Уильям Вордсворт жаловался на то, что деятельность человека отрицательно влияет на природу, — именно это и станет основной чертой эпохи антропоцена. Он считал дым главной угрозой для окружающей среды, поскольку тот удушает все живое и оказывает долговременное воздействие на природу. В поэме «Прогулка» он жалуется:

> На лиги скрыв лицо Земли — и там,
> Где не сыскать приют было, сейчас
> Теснятся в беспорядке вдоль путей
> Вместо лесных дерев дома людей,
> И дым неугасимых очагов
> Венчает их обильно блеском влаги,
> Сияющей при утренних лучах.

Илл. 3.2. Локомотив «Уильям Вордсворт»

> И так, куда бы Странник ни направил путь,
> везде былая пустошь полустерта,
> иль исчезает...[1]

Присутствие пароходов и паровозов отравляет природу, но не взор человека. Пусть дым и скрывает красоту естественного мира, но разум способен сохранить свой пророческий дар. В стихотворении «Паровозы, виадуки и железные дороги» (1833) Вордсворт писал:

> Как ни скрывайте вы Натуры прелесть,
> Но разум донесет нам свою весть,
> И взгляд его пронзит завесу лет,
> И обнажит тот миг, когда годам вослед
> Ваш дух нам будет явлен так, как есть
> [Wordsworth 1994: 569].

---

[1] Англ. текст см. в [Wordsworth 1994: 1037]. О негативном отношении Вордсворта к паровым машинам см. [Schwartz 2017]. О литературе в эпоху антропоцена см. [François 2017].

В 1847 году была открыта железная дорога Кендалл — Уиндермир, которая угрожала любимому поэтом Озерному краю. Вордсворт поднял свой голос в защиту природы, выступив против технологического переворота и паровой индустрии еще до того, как ветка была достроена. В стихотворении «На строительство железной дороги Кендалл —Уиндермир», опубликованном в газете «Лондон Морнинг Пост» в 1844-м, он задавался вопросом: «Неужто даже пядь земли не избежит захвата?» Поэт считал, что Природа должна высказаться сама: «Восстаньте, ветры, дуйте во всю мочь, / Кричите, чтоб неправду превозмочь!» [Ibid.: 336][2]. В другом стихотворении того же года, написанном против проектируемой железной дороги, он писал:

> Вам слышен свист? Уже достиг ваш взор
> Извивов поезда, ползущую змею?
> О горы, долы и потоки, вас молю
> Со мною разделить мой гнев и мой позор [Ibid.: 337].

По иронии судьбы в 1952 году компания Crew Company, дававшая локомотивам имена выдающихся британских литераторов, назвала один из них в честь Уильяма Вордсворта.

Еще одним автором, у которого паровоз превратился в литературного персонажа, был Чарльз Диккенс. В романе «Домби и сын» (1846–1848) Диккенс очень живо описывает влияние паровой машины на ландшафт и жизнь на Земле. Прокладка линии Лондон — Бирмингем по Садам Стегса, местечку в лондонском районе Кэмден-Таун, по его словам, имело эффект землетрясения и превратило весь пейзаж в чудовищный гротеск[3].

> Первый из великих подземных толчков потряс весь район до самого центра. Следы его были заметны всюду. Дома были разрушены; улицы проложены и заграждены; вырыты глубокие ямы и рвы; земля и глина навалены огромными

---

[2] О борьбе Вордсворта и других за водохранилище Терлмир в Озерном краю см. [Ritvo 2003].

[3] [Диккенс 1959: 68–69]. См. также [Baumgarten 1990; Mullan 2011].

кучами; здания, подрытые и расшатанные, подперты большими бревнами. Здесь повозки, опрокинутые и нагроможденные одна на другую, лежали как попало у подошвы крутого искусственного холма; там драгоценное железо мокло и ржавело в чем-то, что случайно превратилось в пруд [Диккенс 1959: 68].

Из-за новой железной дороги район преобразился практически до неузнаваемости. Мосты, ведущие в никуда, непроходимые улицы, печные трубы над руинами разрушенных зданий, разбросанные в чудовищном беспорядке кучи золы, кирпичей и досок. «Короче, прокладывалась еще не законченная и не открытая железная дорога и из самых недр этого страшного беспорядка тихо уползала вдаль по великой стезе цивилизации и прогресса» [Там же]. Скорость, с которой протекает жизнь, увлекая своих обитателей в неизведанное будущее, столь велика, что смысл ее становится недоступным. Невозможно насладиться пейзажами и понять людей, мимо которых раньше везла путника карета и лошадь. Смерть подступает быстрей и неумолимей, чем когда-либо. В поезде смысл становится непостижимым, словно «на путях безжалостного чудовища — Смерти!» [Там же].

В романе «Тяжелые времена» (1854) Диккенс с печалью описывает воздействие дыма на рабочие городки. Город, которому посвящен роман, назван говорящим именем Кокстаун, и он становится символом необратимого ущерба, который промышленная революция нанесла сельской местности.

> Ясный летний день. Даже в Кокстауне иногда выпадали ясные дни. В такую погоду Кокстаун, если смотреть на него издалека, был весь окутан собственной мглой, словно бы непроницаемой для солнечных лучей. Знаешь, что это он, но знаешь только потому, что, не будь там города, не чернело бы впереди столь мрачное расплывчатое пятно. Огромная туча копоти и дыма, которая, повинуясь движению ветра, то металась из стороны в сторону, то тянулась вверх к поднебесью, то грязной волной стлалась по земле, густой, клубящийся туман, прорезанный полосами хмурого света,

Илл. 3.3. Чарльз Диккенс (1812–1870). Портрет работы Уильяма Пауэлла Фрита, 1859 год

не пробивавшего плотную толщу мрака, — Кокстаун и в отдалении заявлял о себе, хотя бы ни один его кирпич не виден был глазу [Диккенс 1960: 200].

Жаркими летними днями усталых кочегаров, постоянно кидавших уголь в топку, после работы встречали улицы и проулки, покрытые сажей, чад разогретого масла и бесконечное гудение фабричных колес и поршней. После изматывающего рабочего дня им было не найти покоя ни в вечерних сумерках, ни жаркой, душной ночью. Так промышленная революция поступала с собственной родиной, с Англией. Еще глубже эффект ощущали в заокеанских землях метрополии, в Новой Англии. Здесь поезда, паровые машины и фабрики стали доминировать в некогда девственном ландшафте.

Литература Америки

Американский прозаик Натаниэль Готорн так же, как и Диккенс, описывал разительный контраст между жизнью в скоростном экспрессе и былой стабильностью поселений. Действительно, скорость новых поездов может считаться символом ускорения

Илл. 3.4. Натаниэль Готорн (1804–1864). Портрет работы Чарльза Осгуда, 1841 год

жизни в антропоцене. И то чувство горести и утраты естественного, которое будил образ паровоза в XIX веке, похоже на чувства, характерные для людей, живущих сейчас в эпоху антропоцена.

В романе Готорна «Дом о семи фронтонах» (1851) поезд символизирует и свободу, и боязнь, и прогресс, и угрозу, и восторг, и ужас. Один из персонажей, Клиффорд, в поездке чувствует свободный полет навстречу неизвестности, восхищается новыми, разнообразными пейзажами. Но, с другой стороны, дом представляет все надежное, безопасное, комфортное. Там, в доме с семью фронтонами, можно по своей воле наблюдать за людьми из сводчатого окна — а в поезде люди повсюду, от них никуда не деться. Нет ни приватности, ни возможности скрыться, путник должен все время выдерживать контакты с другими. Постоянные путешествия, столкновение с новыми местами и новыми ситуациями — это обременительно и непросто. Возвращение домой — вот необходимая часть самой жизни [Готорн 2015].

В повести «Небесная железная дорога» (1843) Готорн описывает поездку из Града Разрушения в Небесный Град в компании директора железнодорожной корпорации, мистера Мягкостелящего.

Чтобы попасть в будущее на небесном поезде, дилижанс (символ прошлого) должен сперва пересечь Топь Уныния по мосту, стоящему на фундаменте из «двадцати тысяч возов» старинных, устаревших текстов, таких как

> ...несколько изданий книг нравоучительного характера, тома французской философии и немецкого рационализма, трактаты, проповеди и сочинения современного духовенства, выдержки из Платона и Конфуция, выдержки из различных индусских сказаний... сдобренное некоторым количеством глубокомысленных комментариев Священного Писания, было превращено при помощи некоего процесса в массу, подобную граниту[4].

Все пассажиры поезда — элегантные дамы и джентльмены с репутацией, которые занимаются политикой и бизнесом. Однако паровоз напоминает механического демона, которые скорее доставит в преисподнюю, чем в Небесный Град. Главный машинист «существо, окутанное дымом и пламенем, которые оно извергало... из своих внутренностей. Такое же пламя, смешанное с дымом, исходило из раскаленного корпуса машины» [Hawthorne 1843].

Оказавшись в вагоне и отправившись в молниеносный полет, путешественники могут наблюдать странников прошлого: пешеходов с посохами, обремененных грузом, спотыкаясь и кряхтя бредущих к своей цели, отмахивающихся от дыма и оседающего на лицах пара. Затем раздается «пронзительный и страшный вопль, разнесшийся по долине с такой силой, как если бы тысячи демонов напрягали свои легкие, испуская этот вопль. Но, как потом оказалось, это был лишь свисток паровоза, машинист которого давал сигнал о приближении к станции» [Ibid.].

Ближе к концу поездки путешественники встречаются с иной формой паровой машины: «Перед нами стоял пароход для перевозки через реку — образец достигнутых усовершенствований. По тому, как он яростно испускал дым, пыхтел и подавал другие не особенно приятные сигналы, можно было заключить, что он

---

[4] URL: http://www.online-literature.com/hawthorne/127/ (дата обращения: 17.10.2023).

Илл. 3.5. Ральф Уолдо Эмерсон (1803–1882)

готов немедленно отчалить». Пассажиры спешат на борт, они опасаются, что пароход утонет или взорвется, бледнеют, надышавшись пара, и пугаются внешности уродливого штурмана. Рассказчик сам бежит к борту, намереваясь спрыгнуть, но тут колеса парохода начинают крутиться, обливая палубу ледяными брызгами, и от этого ужасного холода он, весь дрожа, просыпается. Вот и вся модернизация, принесенная паровой машиной. Вот и все преимущества скоростного полета через пространство и время в небесное будущее. «Небесная железная дорога» — лишь иллюзия, идеалистическое видение, мечта об Эдеме, которая не сможет воплотиться без громадных последствий для человечества и Земли.

В книге «Машина в саду» (1964) Лео Маркс описывает, как американцы переживают потрясения той эпохи, которую позже назовут антропоценом. По всей стране поезда, пароходы и фабрики противостоят амбарам, полям и пастбищам. Век сельского хозяйства отличается от века индустриального так же, как голоцен от антропоцена. Распад, начатый паровыми технологиями, противопоставлен пасторальному покою; энергия и сила пара подрывают стабильность сельского ландшафта. Сад — это место, наделенное красотой; место, дающее пищу; место вне времени.

Илл. 3.6. Генри Дэвид Торо (1817–1862). Дагеротип Бенджамина Д. Максхэма, 1856 год

Машина — стремительный поток времени, она захватывает ферму и преображает саму жизнь. Возникает вопрос: сможет ли сохраниться и то и другое, и если да, то как? Как их примирить друг с другом? Существует ли некая диалектика, взаимообмен между постоянством и изменчивостью, прошлым и будущим [Marx 1967]? Американская мечта полна противоречий.

Ральф Уолдо Эмерсон в эссе «Юность Америки» (1844) прославлял железные дороги и преимущества, которые они создали для американцев. «Одно из незамеченных последствий, — писал он, — нарастающее знакомство американского народа с безграничными запасами нашей Земли». «Железные рельсы, — продолжал Эмерсон, — волшебная палочка, наделенная силой пробуждать спящую энергию Земли и воды». В 1871-м, спустя два года после завершения трансконтинентального железнодорожного пути, Эмерсон проехал по нему до самой Калифорнии, посетил Йосемитскую долину, где встретился с Джоном Мьюром. Для эссеиста железная дорога действительно открыла как новые горизонты, так и новые удивительные возможности[5].

---

[5] [Emerson 1844]. Биографию Р. У. Эмерсона см. в: URL: https://www.britannica.com/biography/Ralph-Waldo-Emerson (дата обращения: 17.10.2023).

Илл. 3.7. Станция Уолден, или Вид на павильон у Уолденского пруда. Неизвестный американский художник

«Уолден, или Жизнь в лесу» (1854) Генри Дэвида Торо, наоборот — образцовое описание диалектики разрыва, созданного поездами. В 1845 году Торо уединился у Уолденского пруда близ города Конкорда в штате Массачусетс, где и провел два года и два месяца, уехав 6 сентября 1847 года.

Вдоль берега Уолденского пруда ходил поезд. Его свисток пронзал воздух, как ястреб, и в хижине был слышен лязг колес по рельсам. Но поезд не только нарушал уединение, он превратился в символ рынка, везя новые и разнообразные припасы и товары со всего мира.

Торо, так же как Готорн и Эмерсон, находился под впечатлением от железных дорог и переживал тот период, когда машина крушила пасторальную идиллию Америки. Железная дорога представляет собой очередной шаг вперед в долгом нарративе американского прогресса — от колониальных времен к индустриализации и современному антропоцену. Возникает новый вид ландшафта, в котором полностью доминирует человечество и где люди могут быстро перемещаться с места на место. У Торо железный конь идет по земле твердой поступью, и его ржание нарушает тишину уолденской хижины. Образ «машины в саду» подчеркивает продолжающееся влияние технологий на ландшафт Америки и постепенное разрушение дикой природы.

Огромная мощь и скорость, свойственные этому невиданному ранее виду транспорта, оказывали колоссальное впечатление на всех свидетелей. Марк Твен в повести «Налегке» (1872) с ощущением шока и трепета описывал силу поезда, катившего через весь континент и освещавшего безлюдные просторы:

> В воскресенье, в четыре часа двадцать минут пополудни, поезд отошел от вокзала в Омахе; так началась наша длительная прогулка на Запад. Несколько часов спустя нам объявили, что готов обед — немаловажное событие для тех из нас, кто еще не испытал, что значит пообедать в пульмановском отеле на колесах. <...> А между тем наш поезд мчался в неведомую даль, и его единственное око, точно огромный горящий глаз Полифема, прорезало густой мрак, окутавший бескрайние прерии [Твен 1980, 2: 20].

Уолт Уитмен, в свою очередь, воспел «горластого красавца» в стихотворении «Локомотив зимой», которое впервые было опубликовано в 1886 году в «Двух ручьях», а затем вошло в сборник «Листья травы». В нем поэт прославляет «твое черное цилиндрическое тело, охваченное золотом меди и серебром стали, твои массивные борта, твои шатуны, снующие у тебя по бокам», восхваляет сталь и железо, из которых создана машина, — а вместе с этим и новую эру индустриализации, впоследствии охарактеризующую антропоцен.

Он, как и Марк Твен, восхищался «далеко выступающим вперед большим фонарем» и называл локомотив «образом современности — символом движения и силы — пульсом континента». Его поезд — сам себе закон, землетрясение; тело, изрыгающее «белый вымпел пара» и летящее вперед в зимней дымке. В марте 2003 года Грег Бартоломью положил стихотворение

Илл. 3.8. Марк Твен (1835–1910)

Уитмена на музыку, и его а капелла исполнила хоровая группа Seattle Pro Musica⁶. Антропоцен превратился в мюзикл.

Особенности раннего антропоцена и ускорение ритма жизни вышли на первый план в американской поэзии. Эмили Дикинсон в стихотворении «Поезд», опубликованном уже после ее смерти в 1896 году, сравнивала паровоз с конем, который пожирает мили и пьет воду на остановках, громко ржет в пути и, наконец, «послушен и могуч», останавливается у стойла. Поезд живой, он имеет собственные нужды, эмоции и силу. Стихотворение отражает двойственные чувства, которые испытывали многие американцы к могучему творению, захватившему власть над окрестностями, но при этом беспомощному без обслуживания человеком.

> Люблю смотреть, как мили жрет
> Он, раздувая грудь,
> И, запыхавшись, воду пьет,
> И тут же — снова в путь,
> В обход зеленой кручи,
> Взирая свысока

---

⁶ Пер. И. Кашкина цит. по: [Уитмен 1970]. О музыкальном переложении Грега Бартоломью см.: URL: http://www.gregbartholomew.com/locomotive.html (дата обращения: 17.10.2023).

Илл. 3.9. Уолт Уитмен (1819–1892)

На крыши хижин вдоль дорог,
Потом, втянув бока,
Вползает в каменную щель
И, жалуясь, кричит —
Выплакивая строфы —
Потом под гору мчит
И ржет, как Сын Громов,
Потом — еще кипуч —
У стойла своего стоит,
Послушен и могуч [Дикинсон 2007: 30].

У Роберта Фроста (1874–1963) в стихотворении «Мимолетное» из сборника «Ручей, бегущий к западу» (1928) лирический герой сокрушается о кратких картинах, увиденных лишь мельком из проходящего поезда и исчезнувших. Он бы хотел остановиться, сойти и рассмотреть цветы у железнодорожного полотна. Но само их имя осталось неизвестным, поезд бешено промчался мимо. Стихотворение символизирует пределы человеческого восприятия мира, побежденного технологиями[7].

---

[7] [Фрост 2000], см. также: URL: http://literature.oxfordre.com/view/10.1093/acrefore/9780190201098.001.0001/acrefore-9780190201098-e-635 (дата обращения: 17.10.2023).

Илл. 3.10. Эмили Дикинсон (1830–1886)

Подобно тем литераторам, о которых мы говорили ранее, Фрост использовал образы железной дороги и мчащегося с огромной скоростью паровоза, чтобы подчеркнуть исчезающую связь человечества с природой. Все указанные авторы оплакивали неспособность человека, которого уже начала погребать под собой эпоха антропоцена, понять жизнь во всей ее полноте.

Современная литература

Современные авторы также используют образ паровоза, когда хотят подчеркнуть, насколько резко изменилась жизнь в XX веке, предвещая полномасштабный приход антропоцена. Поэт Гэри Снайдер (род. 1930) в стихотворении «Сад камней» (сборник «Брусчатка и стихи Холодной горы», впервые издан в 1959 году) описывает пробуждение в поезде и столкновение с будущим, полным отчаяния:

> ...я подумал, что слышу стук топора в лесу
> сквозь сон и проснулся под стук вагонных колес.
> Наверное, это было тысячу лет назад.
> На какой-то горной лесопилке в Японии.

Илл. 3.11. Энни Диллард

Толпы поэтов и незамужних красавиц;
Этой ночью я бродил по Токио, как медведь
В поисках человеческого будущего,
Понимания и отчаяния [Снайдер 2016].

В книге 1974 года «Паломник в Тинкер-Крик» писательница Энни Диллард описала перемены, произошедшие исподалську от ее дома в долине Роанок, штат Вирджиния, у Голубого хребта. Размышляя о воздействии поездов на мирную живописную местность, она представляет себе проблемы, с которыми сталкивается руководитель Южной железной дороги. Ему требуется производить локомотивы, способные затаскивать вагоны на крутой хребет между городами Линчбург и Дэнвилл. Компания путем огромных затрат финансирует производство девяти тысяч локомотивов.

«Каждый должен походить на другой точь-в-точь, каждый болт и каждая гайка — быть затянуты, каждый провод — прикручен и обмотан, каждая стрелка на каждом приборе — реагировать точно». Но беда в том, что, хотя на каждый локомотив есть свой машинист, управляющий скоростью, и все поезда вышли в путь, но стрелочников нет! Неужели антропоцен ждет крушение?

> Они бьются, сталкиваются, летят под откос, застревают, горят... В итоге этой бойни остается три машины — как раз столько, сколько изначально могла вместить ветка. Когда локомотивов немного, они уже не преграждают друг другу дорогу.
> И вот ты идешь на совет директоров, чтоб показать, что ты тут наделал. И что они тебе скажут? Ты сам знаешь, что: «Чертовски дрянной способ управлять дорогой».
> А можно ли таким способом управлять вселенной? [Dillard 1974, ch.10].

Для Диллард поезда и железные дороги преобразовали не только природу, но и общество, жизнь писательницы и даже, кажется, саму вселенную.

Поезд символизирует необратимый переход от локального к глобальному, от мирного прошлого к жуткому лязгу будущего, от бесцельного блуждания по цветущим лугам к неотвратимому ускорению навстречу вселенной из железа и стали. Полыхая яростным огнем, вскормленные углем и нефтью, поезда тащат нас по миру, полному дыма и сажи, в будущее, называемое антропоценом.

В 2005 году Джон МакФи (род. 1931) опубликовал в «Нью-Йоркере» очерк из двух частей под названием «Угольный поезд». Это драматичное и подробное описание тех способов, которыми уголь перевозят по железной дороге через Соединенные Штаты, и того, как это влияет на климат. МакФи отправился в путь вместе с машинистом Скоттом Дэвисом и проводником Полом Фицпатриком, которые в качестве первоисточника показали ему, как загружают, обслуживают и направляют по маршруту поезд длиной 2266 м с пятью локомотивами. Поезд отправился на запад из Мэрисвилла, штат Канзас, к руднику Блэк Тандер в угольном бассейне Паудер-Ривер, что между Монтаной и Вайомингом. Этот район дает 40 % всего угля, добываемого в США. Примерно 35 угольных поездов постоянно курсируют между Паудер-Ривер и крупнейшей в стране угольной электростанцией Роберта В. Шерера близ города Мейкона, штат Джорджия. Уголь из Паудэр-Ривер приобрел особую значимость после принятия в 1970 году Закона о чистом воздухе, так как «он содержит в пять раз меньше серы, чем уголь из Аппалачей... [а от] электростанций потребовали улавливать серу или жечь топливо с ее низким содержанием» [McPhee 2005].

Во второй части очерка загруженный углем поезд отправляется от разреза на восток. МакФи писал, что по пути они видели «поезда-углевозы, автомобилевозы, зерновозы и камневозы», многие из которых шли порожняком, так как возвращались за новым грузом. Автор 30 с лишним километров ехал вдоль очереди из поездов, выстроившихся на равнине и ждавших, когда основной путь освободится.

> Дизель-электрические тепловозы на постоянном токе хорошо годятся для того, чтобы возить автомобили, контейнеры смешанной перевозки и сахарную свеклу, но для тяжести угля больше подходит переменный ток. Угольный поезд настолько тяжел, что, если локомотивы стоят только в голове поезда, его приходится ограничивать ста вагонами [Ibid.].

Невероятное загрязнение воздуха, которое сопровождает эти постоянные путешествия через весь континент, внесло огромный вклад в смену климата и ускорение антропоцена.

Амитав Гош в книге «Великое нарушение: смена климата и немыслимое» (2016) заявляет, что «глобальное потепление сопротивляется искусству на самом глубинном уровне, там, где органическая материя трансформируется, позволяя нам поглощать солнечные лучи». Он отмечает, что уголь и нефть — не те материи, которые любят изображать писатели. «Они мерзкие, они дурно пахнут, они отталкивающе действуют на все чувства». Однако эти два вида топлива различаются в том, какие эмоции они могут вызывать. В добыче угля на первом плане стоят рабочие, эта индустрия рождала солидарность и сопротивление, она способствовала расширению прав трудящихся в конце XIX века. Добычу нефти же Гош в романе «Круг разума» (1986) изображает на фоне буровых вышек, окруженных заборами с колючей проволокой, и это очень дегуманизирующая картина: «И вдруг из песка поднялась ограда Нефтяного города, опутанная колючей проволокой. С той стороны молчаливо смотрело множество лиц: филиппинские, индийские, египетские, даже несколько газири. Целый мир лиц». Нефть изменила среду, в которой мы обитаем, но она «почти не представлена в нашей умственной жизни, в искусстве, музыке, танцах, литературе». Тем не менее Гош считает, что изображение глобального потепления в искусстве и литературе и взгляд на него поможет человечеству преодолеть проблемы, с которыми мы сталкиваемся сегодня, люди смогут стать ближе друг к другу и к другим живым существам планеты [Ghosh 2016: 73–75, 162; Ghosh 1986].

Автомобили и самолеты при антропоцене

Поезд отличался от своего наследника, автомобиля начала XX века. Последний — хотя в антропоцене ему было суждено стать производителем куда большего скопления парниковых газов — развивался медленнее, даже при том, что представлял собой новое капиталистическое предприятие, обреченное быстро увеличить уровень загрязнения воздуха. Сейчас транспортный сектор экономики США (легковые машины, грузовики, корабли, поезда и самолеты) производит приблизительно 27 % всех выбросов парниковых газов в стране. Потребление ископаемого топлива можно снизить, если больше использовать гибридные и автономные электромобили [Lo 2017].

Но тысячи баррелей топлива ежегодно жгут самолеты. Согласно данным Управления энергетической информации США, в 2017 году авиалинии США потребляли 1398 тысяч баррелей авиационного топлива в день — это самый высокий показатель во всем мире. На втором месте — Китай с 388 тысячами баррелей в день. Мировое потребление авиатоплива составляет примерно 5,5 млн баррелей в день. Согласно исследованию, проведенному Эрин Ло из Университета Пенсильвании, в 2016 году авиаперевозки обеспечили 12 % выбросов парниковых газов от всей транспортной индустрии США и 3 % от общего их объема по стране:

Потребление авиатоплива увеличивает выброс парниковых газов, и в ходе глобализации оно продолжает расти. Это привлекло к авиаиндустрии особое внимание как к области с серьезным потенциалом к снижению выбросов углекислоты. Но, несмотря на усилия, разные страны не смогли прийти к соглашению в области стандартов авиации и наметить алгоритм снижения накопления парниковых газов. По моим прогнозам, в 2030 и 2050 годах потребление авиационного топлива вырастет на 39,65 и 95,06 % соответственно по отношению к 2013 году [Ibid.: 3][8].

По мнению журналистки и эколога Прахи Патель, переход на биотопливо способен уменьшить выбросы, вызывающие глобальное потепление, на 70 %. Так как в таком топливе практически нет серы и углеводородов, новые биосмеси для авиации могли бы снизить выделение парниковых газов [Patel 2017]. Однако изучение биотоплива, его применения и возможных эффектов еще только начинается.

Если смена климата — основная черта антропоцена, то художественные произведения могут стать средством призыва к срочным действиям. Роман Барбары Кингсолвер «Поведение в полете» рассказывает о воздействии смены климата на такие знаковые виды, как бабочка данаида монарх, в Теннесси. Главный герой романа, темнокожий ученый, выпускник Гарварда, по описанию чем-то напоминает Барака Обаму. Кингсолвер послала свой роман Мишель Обаме, и в феврале 2015 года президентская администрация пожертвовала 3,2 млн долларов на спасение бабочек, а химическая компания «Монсанто» выделила на проект еще 4 млн долларов [Kingsolver 2012; Martyris 2015].

Американская поэтесса Энн Уолдман (р. 1945) подытожила свои опасения по поводу антропоцена в поэме «Антропоцен-блюз». Текст Уолдман говорит о «трагедии антропоцена», оплакивает «новые погоды», ждущие впереди. Она пишет о «климатическом

---

[8] См. также список потребления авиационного топлива по странам: URL: https://www.indexmundi.com/energy/?product=jet-fuel&graph=consumption (дата обращения: 18.10.2023).

горе» и задается вопросом, провалилась ли наша попытка по спасению мира. В заключение поэтесса говорит: «Любовь к тебе, мир мой, поет. Поет мой антропоцен-блюз» [Waldman 2016].

Сэм Солник из Ливерпульского университета задается вопросом, что значит писать стихи при антропоцене и о нем в своей монографии 2016 года «Поэзия и антропоцен». Он считает, что поэзия и гуманитарные науки нужны, чтобы изобрести новые способы спасти мир [Solnick 2016].

Адам Трекслер из Портленда (штат Орегон) в 2015 году написал книгу «Литература антропоцена: роман в эпоху смены климата». Он считает, что роман — один из лучших инструментов для поиска смысла жизни в период, когда смена климата стала всепоглощающей реальностью. Она все больше сказывается на повседневной жизни, и литература помогает человеку ухватить суть происходящих перемен, понять, что они означают для самого существования человечества [Trexler 2015].

В 2016 году Ассоциация изучения литературы и окружающей среды (ASLE) объявила прием материалов для специального выпуска журнала «Междисциплинарные исследования: литература и окружающая среда» — «Литература антропоцена». Ассоциация предложила авторам и читателям поглубже задуматься над тем, как литература может отозваться на вступление в новую геологическую эру и чем писатели и поэты могли бы помочь в решении проблем, которые теперь стоят перед всем человечеством[9].

Женщина и гендер при антропоцене

Крайне важными темами для литературы антропоцена являются положение женщин и гендер. Саму новую эру многие называли андроценом, патриархалоценом или фаллоценом[10]. На сме-

---

[9] См. сайт Ассоциации. URL: https://www.asle.org/ (дата обращения: 18.10.2023).
[10] Термин «фаллоцен» в 2017 году ввела венесуэльская экофеминистская группа LaDanta LasCanta.

ну антропоцену (или эре мужчин) должен прийти гиноцен, век, в котором женщины смогут внести свой вклад в сфере политики и власти, участвовать в решении проблемы смены климата. Мелина Перейра Сави из бразильского Федерального университета Санта-Катарины вместе с другими специалистками считает, что изменение климата влияет в первую очередь на женщин, особенно в развивающихся странах, на островах и на океанском побережье. Уровень моря поднимается, прибрежные и речные долины становятся непригодны для жизни, и это вынуждает тысячи жителей сниматься с места и переселяться вглубь суши, где земля часто уже истощена. Согласно данным ООН, женщины наиболее уязвимы перед разрушением окружающей среды и сильнее зависят от экологической депривации. Женщинам приходится тратить еще больше времени и сил на то, чтобы носить издалека воду, собирать хворост, поливать посевы на истощенных почвах. Женщины должны иметь власть и возможность вносить изменения в свою жизнь и в жизнь всей Земли [Pereira Savi 2017; Grusin 2017].

Экофеминизм — движение, которое переосмысливает историю и культурные связи женщин с природой, — особо актуален для понимания роли женщин в новую эпоху. Мелина Перейра Сави цитирует экофеминистку Джейн Беннетт, которая считает, что антропоцен дает возможность переосмыслить мир как отношения живых тел. Нечеловеческие организмы и экологические силы выступают носителями перемен, которые неподвластны человеку и которые необходимо брать в расчет. Беннетт задается вопросом: «Как будет выглядеть политическая реакция на общественные проблемы, если мы всерьез будем учитывать дееспособность (нечеловеческих) тел?» Такие сущности, как штормы, металлы, пища, товары, «не только нарушают и блокируют нашу волю и планы, они выступают как квазиагенты, или силы со своими собственными траекториями, с предрасположенностями и тенденциями развития». Тексты могли бы подвести человечество к новым идеям, смыслам и стилю восприятия, которые послужат дальнейшим переменам [Bennett 2010: viii].

Сави завершает анализ темы гендера и литературы эпохи антропоцена следующим рассуждением:

> Литература, как и гуманитарные науки, просто переполнена работами с предостережениями, размышлениями и описаниями всего того, что уже происходит и непременно произойдет еще, если мы по-прежнему будем игнорировать практики, из-за которых мир вступил (по меркам человечества, конечно) в эпоху антропоцена.
>
> Новая этика и новое поведение способны дать человеку более приемлемые способы действовать, чтобы улучшить будущее планеты в этой новой эпохе [Pereira Savi 2017].

О литературе периода антропоцена продолжают писать многие авторы. В книге Лары Стивенс, Петы Тейт и Дениз Верни «Феминистская экология: изменение окружающей среды в антропоцене» (2018) идеи экофеминизма рассмотрены в связи с концепцией антропоцена. Алессандро Мачиленти в исследовании «Характеристики антропоцена: экологическая деградация в итальянской литературе XXI века» описывает природу Италии через призму химического загрязнения, преображения пейзажа и страха перед будущим. «Добро пожаловать в антропоцен» Элис Мейджор — захватывающее дух поэтическое описание того мира, который ждет человечество в будущем. Все эти произведения предупреждают нас, что произойдет, если человечество не отреагирует решительным выступлением в борьбе с последствиями смены климата и за экологическую устойчивость [Stevens, Tait, Varney 2018; Macilenti 2018; Major 2018].

В заключение скажем, что художественная литература может помочь нам оценить человеческое измерение антропоцена, она способна оказать глубокое влияние на то, как мы взаимодействуем с природой и жизнью на Земле. Ускорение ритма жизни, которое принесли поезда, проносившиеся мимо цветов и пастбищ; смог и грязная атмосфера из-за автомобилей и самолетов — все эти образы, отражаясь в литературе, показывают нам, что человек больше не властвует над природой, да и не властвовал никогда. Природа и автономна, и способна на реакцию, с ней нужно взаимодействовать так, чтобы создать новые партнерские условия и таким образом справиться со сменой климата и парниковыми газами. Помимо того что я попыталась описать в этой книге, для того чтобы донести эти идеи до всего мира, потребуются новые примеры, анализ литературы развивающихся стран, сравнение проявлений смены климата в северном и южном полушариях. Поэзия и проза XXI века будут все больше отражать проблемы антропоцена и предлагать перемены, способные спасти человечество, остальных живых существ планеты и саму природу в целом.

Глава четвертая
Религия

Как официальные религии, так и индивидуальные духовные практики формируют собственный критический взгляд на антропоцен. Как указывает историк-религиовед Мэри Эвелин Такер, «сейчас религия и экология вместе формируют некое "поле" в академическом мире и "силу" в обществе. <...> Это поле сейчас готово к тому, чтобы стать ключевым участником диалога об антропоцене и гуманитарной экологии»[1]. В этой главе я обращусь к роли основных религий в обсуждении проблем смены климата и тому, как формы духовности могут стать моральными проводниками в действиях отдельного человека. Если говорить конкретно о тех путях, какими парниковые газы попадают в атмосферу и приводят к смене климата, в религиях и духовных практиках можно увидеть как противоядие, так и сдерживающий фактор этого процесса. Имеют значение и миссии в зарубежных странах, помогающие переходить на возобновляемые источники энергии, и такие небольшие шаги, как использование солнечных батарей отдельными церквями. В новой эре экологической устойчивости возобновляемые источники — солнечная, ветряная, гидроэнергия — смогут заменить нам ископаемое топливо. Батареи и ветряные установки местного производства дают альтернативу корпоративному углеродному загрязнению. И этих целей можно добиться и внутри общепризнанных религиозных конфессий, и через альтернативные формы духовной жизни.

---

[1] См. введение и пятую главу в [Grim, Tucker 2014].

Христианство и западная культура

В 1967 году историк Линн Уайт — младший в своем программном эссе определил западное христианство как систему религиозного оправдания господства человека над природой, развившуюся в Средние века. В качестве альтернативы он предложил Святого Франциска Ассизского, покровителя служения природе. Как указывает Уайт, «христианство, особенно в его западной форме, — наиболее антропоцентричная из всех религий, какие видел свет. <...> Христианство, резко контрастируя с древним язычеством и азиатскими религиями... не только установило дуализм природы и человека, но и видело Божью волю в том, чтобы человек использовал природу в собственных целях» [White 1967: 1205]. Христианство оспаривало языческие идеи равных отношений с природой, в которой все существа, одушевленные и неодушевленные, считались живыми. Если человек уничтожал животное или дерево или даже добывал из Земли «живой» металл, ущерб природе должен был быть возмещен. В XVI веке, когда началась массовая добыча руды для поддержания денежной экономики и христианство стало господствующей религией, сама природа превратилась всего лишь в источник капитала. Как я показываю в своей одноименной книге 1980 года, «смерть природы» оказалась связана с Богом, теперь изображаемым как часовщик, механик, математик [Merchant 2020]. Исаак Ньютон в 1687 году соединил в «Математических началах натуральной философии» астрономические законы Николая Коперника и Иоганна Кеплера с земной механикой Рене Декарта, Галилео Галилея и Роберта Бойля. Вселенная из живого существа, которое нужно умилостивить перед тем, как обрабатывать и использовать, превратилась в мертвую, инертную и эксплуатируемую машину.

Основные течения христианства, появившиеся в Западной Европе во время Возрождения и Реформации, распространились по всему земному шару во время колониальной экспансии. Личное спасение и освобождение от греха давало надежду на комфортную загробную жизнь. Но, хотя протестантство и католицизм вплоть до конца XX века мало пересекались с охраной природы, в последнее время забота об экологии пропитала основные религиозные течения[2].

Религия и экология

Основной нарратив западной культуры, появившийся после Возрождения и Реформации, существующий с эпохи научной революции и до наших дней, состоит в том, что Землю необходимо преобразовать в новый, управляемый и организованный Эдемский сад, а все люди станут его верными работниками [Merchant 2013]. Но глобальное потепление бросает вызов как способности человечества управляться с окружающей средой, так и предсказуемости природных трансформаций. Мировые религии, стремящиеся смягчить воздействия глобального потепления на людей, особенно бедных, и других живых существ, в своем поиске адекватных переменам решений столкнулись с необходимостью обратиться к архаичным традициям, к духовным корням. Для религий внимание к смене климата стало не исключением, а нормой.

В США и других странах религиозные организации становятся под знамена борьбы со сменой климата. Кажется, программа есть у каждой крупной конфессии США, включая бахаитов, буддистов, экуменических христиан, Греческую православную и унитарианскую церковь, духовные группы коренного населения, мусульман, иудеев, квакеров и так далее [Allison 2007]. Ряд крупнейших групп — межконфессиональные, они объединяют людей, размывая догматические и религиозные границы, и обращаются к конкретным проблемам, которые можно осознать и с которыми можно бороться совместно, — таким, как изменение климата.

Кэтрин Джефферс Шори — бывшая океанограф и бывшая председательствующая епископ Епископальной церкви США.

---

[2] Об отношениях религии и антропоцена см. [Deane-Drummond, Bergmann, Vogt 2017].

В 2008 году она выступала на Международной конференции «Излечение нашей планеты Земля» (Healing Our Planet Earth, HOPE), которую Церковь провела в Бельвью, Вашингтон. Было достигнуто соглашение снизить выделения парниковых газов на 50 % в течение десяти лет во всех церквях, синагогах и других религиозных учреждениях[3].

Большой вклад вносят такие межконфессиональные группы, как «Зеленая Вера» (GreenFaith) из Нью-Джерси. Задача группы — «мобилизовать религиозные институты и людей разных вероисповеданий, чтобы укрепить связи со священным в природе и принять меры в защиту Земли». С этой целью организация способствует переходу на возобновляемые источники энергии на территории штата. Например, она участвует в установке солнечных панелей на 20 участках, принадлежащих церквям. Межконфессиональный Центр по корпоративной ответственности считает противодействие глобальному потеплению одним из своих приоритетов[4].

Национальный совет церквей, объединяющий около 45 млн протестантов, англикан и православных, — один из видных партнеров StopGlobalWarming.org. Примерно такое же количество участников состоит в нескольких евангелических объединениях с теми же целями. Например, только одна такая группа, Евангелическая климатическая инициатива, объединяет более 85 лидеров общин США, подписавших заявление «Смена климата: евангелистский призыв к действию»[5].

В академическом мире также созданы свои площадки для изучения проблемы смены климата и отклика на ее влияние на экологию и человечество. Форум «Религия и экология» при Йельском университете подчеркивает ту важную роль, которую

---

[3] См. официальный сайт проекта HOPE: https://www.hope-theproject.com/the-project/vision/ (дата обращения: 19.10.2023).

[4] URL: https://www.iccr.org/our-work/ (дата обращения: 19.10.2023).

[5] URL: https://www.influencewatch.org/app/uploads/2020/08/climate-change-an-evangelical-call-to-action.-08.20.pdf (дата обращения: 19.10.2023). При этом многие другие группы евангелистов отрицают глобальное потепление.

Илл. 4.1. Джон Грим и Мэри Эвелин Такер

религия играет в построении моральных рамок для взаимодействия людей друг с другом и с природой. Форум способствует научному и активистскому подходу на пересечении религиоведения, естественных наук и политики охраны окружающей среды. В Гарвардском центре изучения мировых религий Мэри Эвелин Такер и Джон Грим провели серию из десяти конференций, в которых приняли участие более 800 гуманитариев и экологов. На основе материалов конференций был издан девятитомник «Религии мира и экология».

В своей последней книге «Экология и религия» (2014) Такер и Грим в крайне доступной широкой публике форме излагают многие находки, подробно проанализированные в многотомной серии [Tucker, Grim 1997–2004, 1–9; Grim, Tucker 2014].

В статье «Зарождающийся союз религии и экологии» Мэри Эвелин Такер детально описывает пути, которыми мировые религии и традиции коренных народов могли бы стимулировать экологические и социальные перемены в освободительном направлении. По всему миру религиозные лидеры говорят о проблемах с окружающей средой на суше и в морях, в реках, лесах и пустынях. Прихожане получают информацию о сложности деградации экологии и необходимости восстанавливать экосистемы. Церемонии во время воскресной службы могут пробудить в людях тягу к возрождению Божьей Земли и к личному спасению, а общественная деятельность вне стен церкви — распространять идеи мира, климатической справедливости и экологической стабильности. Среди организаций, которые проводят конференции и межконфессиональные службы, Центр этики Земли при Объединенной семинарии в Нью-Йорке, «Зеленая Вера» в Нью-Джерси, «Священство Земли» (Earth Ministry) в Сиэтле и «Вера здесь» (Faith in Place) в Чикаго [Tucker 2014].

В апреле 2007 года Университет штата Флорида в Гейнсвилле стал местом проведения Торжественной конференции Международного общества изучения религии, природы и культуры, ставящего целью «развитие критического подхода к отношениям между людьми, к взаимодействию разных культур, сред жизни и религий». Конференцию посетили специалисты из разных стран мира, которые обсуждали пути, которыми новые религиозные и духовные способы взаимодействия с природой и культурой помогут решить такие проблемы, как глобальное потепление [Taylor 2005]. В марте 2007 года общество начало издавать журнал «Религия, природа и культура», в котором ставились следующие вопросы: в чем состоят отношения между человеческими существами, какое значение имеют термины «религия», «природа» и «культура»? В чем заключаются этически приемлемые отношения между нашим видом и тем местом, где вид обитает, включая всю биосферу?

Если говорить о католиках, то папа Бенедикт XVI призывал духовенство, ученых и политиков «уважать Творение» и «сосредоточиться на нуждах устойчивого развития». Для этого папа Бенедикт предлагал поставить проблему смены климата во главу повестки дня. 26–27 апреля 2007 года в Ватикане прошла Международная конференция на тему климатических изменений и устойчивости. Ее организовал Папский совет справедливости

Илл. 4.2. Папа Бенедикт XVI (1927–2022)

и мира, конференцию посетили около 40 участников и 40 слушателей. В составе выступавших были ученые — гуманитарии и естественники, миссионеры-экологи, епископы Католической и Англиканской церкви, представители католических орденов и других церковных организаций из двадцати стран [Macintyre 2007]. Более того, некоторые теологи и священники говорили о необходимости как экуменического, так и предназначенного для широкого распространения заявления от лица всех христианских церквей на тему охраны природы.

В мае 2017 года преемник Бенедикта папа Франциск подарил президенту США Дональду Трампу во время визита последнего в Ватикан копию своей энциклики «*Laudato si'*» с автографом. Энциклика «О заботе об общем доме» призывала науку и религию объединить усилия в борьбе со сменой климата[6]. Эта программа — часть давних усилий Папы по спасению сельвы Латинской Америки и продвижению устойчивого развития во всем мире. Папа принял свое имя в честь Святого Франциска Ассизского, покровителя животных и экологии, жившего отшельником

---

[6] См. [Pope Francis 2015]. Русский текст доступен здесь: https://www.vatican.va/content/francesco/ru/encyclicals/documents/papa-francesco_20150524_enciclica-laudato-si.html (дата обращения: 21.10.2023).

в пещерах, на горных склонах и в обителях и молившегося за всех живых созданий мира. Однако в июне 2017 года президент Трамп объявил, что Америка выходит из Парижского соглашения об изменении климата, заключенного в 2015 году. Впрочем, формально Америка не имела права покинуть его до 2020 года[7].

Радикальная католичка, теолог Розмари Рэдфорд Рютер выступает против глобальных корпораций в развивающихся странах в пользу мелких местных предприятий, которые могут поддерживать экологическую устойчивость. Крупные землевладельцы и влиятельные компании эксплуатируют ресурсы бедняков и их труд ради прибыли. Смена пути развития на Глобальном Юге — первый шаг к этичным, религиозно ответственным способам улучшить жизнь угнетаемых. Нужна зеленая, возобновляемая энергия, перераспределение пищи, опора на местные ресурсы пропитания и те духовные ресурсы, которые развивающиеся народы могут использовать для повышения стандартов собственной жизни. Борьба со сменой климата должна быть соединена с духовным стремлением улучшить жизнь незащищенного населения[8].

Активистка из расположенной на севере Миннесоты резервации «Белая Земля», лидер коренных американцев группы анишинаабе Вайнона Ладюк, занимающая пост исполнительного директора некоммерческой организации «Честь Земле» (Honor the Earth), возглавляет борьбу с добычей ископаемого топлива на землях резерваций. Она, как и многие другие коренные американцы, высказывалась против (все же затем одобренного) плана прокладки трубопровода «Кистоун», ведущего из Канады в Техас

---

[7] В феврале 2021 года президент США Джо Байден подписал указ о возвращении страны в число стран-участниц соглашения. — *Прим. пер.* См. [Faiola 2017], см. также: http://www.hcn.org/issues/49.16/activism-why-religious-communities-are-taking-on-climate-change (дата обращения: 21.10.2023); URL: https://news.mongabay.com/2018/01/popes-message-to-amazonia-inspires-hope-but-will-it-bring-action/ (дата обращения: 21.10.2023).

[8] [Ruether 2005]. Ученая посвятила книгу круглому столу TREES (Теоретическому круглому столу по экологической этике при Теологическом союзе Университета Беркли, Калифорния).

по землям резервации сиу «Стоячий камень» в Северной Дакоте. Вайнона Ладюк утверждала: «Пришло время уйти от ископаемого топлива. <…> Каждый день, каждую неделю в индустрии ископаемого топлива происходит какая-то утечка, какая-то новая катастрофа, а также продолжается и нарастает катастрофа смены климата». Кроме того, добавляла она, «с моей точки зрения… им тут не нужна труба. Им нужно солнце. Им нужен ветер. <…> Здесь у них семибалльные ветры. Здесь людям нужны солнечные панели на каждом доме, гелиотермальная энергия. Нужно жилье, которое подходит людям. Нужна энергетическая справедливость» [Goodman 2016].

Во всем мире коренные народы считают вершины гор, зачастую покрытые ледниками, святыми местами. То, что снега тают и ледники исчезают из-за потепления, нередко наносит множеству народов культурную травму. В ледниках видят как разрушительную, так и животворящую силу, которую нужно умилостивить путем церемоний. Горные боги, отвечающие за дарующую жизнь воду, могут покинуть свой народ, и это значит, что деревенским жителям необходимо заботиться о том, как сохранить источник воды, как ограничить доступ к ледникам и препятствовать добыче слишком больших кусков льда. Для сохранения горных культур и сообществ требуются новые практики, соответствующие притом древнему образу жизни и устоявшимся ритуалам [Allison 2015].

Восточные религии

Современные цели религиозных объединений, описанные ранее, во многом отвечают куда более древним метафизическим верованиям Азии: даосизму, буддизму, дзен-буддизму, индуизму, конфуцианству, а также многим течениям и традициям внутри китайской, индийской и японской мысли. Смогут ли религии Востока предложить план индивидуальных действий и этических принципов, способный стать основой этики экологической и вывести мир из кризиса к устойчивости?

Восточные верования предлагают образ мышления, основанный на циркуляции энергии, и позволяют смотреть на мир как на нечто, основанное на процессах, на изменении, на возобновляемой зеленой энергии. Индивидуальные поступки, направленные на других людей, можно расширить до коллективных действий, относящихся ко благу всей планеты. Даосизм восходит к IV веку до н. э., он основан на идее «Пути», основные положения которой — спонтанность, изменчивость и сострадание. Буддизм зарождался в Индии с VI по IV век до н. э. Будда добился просветления путем медитации и посвятил жизнь облегчению человеческих страданий. Дзен-буддизм использует медитацию, самоконтроль и рефлексию для достижения осознанности. Индуизм формировался в Индии с 500 года до н. э. до 300 года н. э. Его центральное понятие, дхарма — это верный или вечный путь, достижимый через выполнение моральных обязательств. Конфуцианство возникло на базе идей китайского философа Конфуция (551–479 годы до н. э.). Согласно ему, все люди по своей сущности добры и могут быть научены жить достойно, следовать добродетели и совершать благие дела.

Основной вопрос гуманитарной экологии следующий: выступали ли эти религии в прошлом и смогут ли выступать в будущем в поддержку неэксплуататорского образа жизни и восстановления окружающей среды для будущих поколений? Несмотря на все внимание к морально обоснованным поступкам, идущим на пользу и себе и окружающим, многие ученые полагают, что в прошлом азиатские государства вовсе не были экологически ответственны. Как считают Иоахим Спангенберг и Марк Элвин, Китай в настоящее время — один из главных источников загрязнения окружающей среды. Япония импортирует ископаемое топливо и чудовищно загрязняет океан. В Индии показатели чистоты воздуха, чистоты воды и накопления отходов — одни из худших в мире [Spangenberg 2014; Elvin 2006; Totman 2014; Ghosh 2016: 96–98, 103–108, 149, 159–162]. Тем не менее традиционная этика азиатских стран могла бы предложить стандарты обращения с окружающей средой и поведения, которые помогут миру обернуть вспять проблемы смены климата и добиться в XXI веке устойчивости.

Восточные философские учения уходят корнями в концепции перемен, процесса, энергии и трансформации, напоминая о некоторых категориях западной философии. В частности, философия даосизма и конфуцианства может применяться в эколого-этическом измерении и способна помочь нам перейти от эры антропоцена к эпохе устойчивости. Даосизм предлагает альтернативный подход к знанию, этике, изучению природы и окружающей среды. Учение не только ориентировано на процесс, но и этически значимо в условиях климатического кризиса [Merchant 2005: 107–108]. Дао — энергия, лежащая в основе мира. В VI веке до н. э. в Китае «Мудрый Старец» Лао-цзы записал сборник классических афоризмов, известный как «Дао дэ цзин», то есть «Книга пути» (в транскрипции пиньинь — Dào Dé Jīng). Лао-цзы был современником Конфуция, который разработал философию практической этики. По прошествии веков философия Лао-цзы стала ассоциироваться с «народом», в то время как конфуцианство больше импонировало бюрократической элите Китая. В конце VI века н. э. даосизм превратился в систему народных верований, пронизанную алхимией, целительством, народной магией, в конце концов поставившую себе на службу такие научные достижения, как магнитный компас и порох [Needham 1956, 2; Callicott, Ames 1989; Elvin 2006; Totman 2014].

Дао, или Путь, — высшая реальность, то Единое, которое кроется под всем видимым. Это космический процесс, путь всей вселенной. Даосы уделяют особое внимание изменениям и потокам в Едином, наблюдают повторяющиеся узоры в постоянных циклах ухода-возвращения, сжатия-расширения. Человеческий разум не в силах охватить дао целиком, но человек может наблюдать за природой, чтобы найти его пути. Такой неаналитический, интуитивный, естественнический подход помогает достичь знаний о трансформациях, переменах, росте и увядании, жизни и смерти путем созерцания мира природы. Даосские методы соединяют противоположности, подчеркивают контрасты, врожденные противоречия и спонтанность. Так, инь и ян — полные противоположности, постоянно меняющиеся местами. Ян представляет собой активное начало, инь — принимающее; ян —

солнце, инь — тень; ян — свет, инь — тьму; ян — мужское, инь — женское; ян — твердое, инь — податливое; ян — небо, инь — Землю и так далее. Тело — это равновесие инь и ян, внешнего и внутреннего, движения вперед и назад. Жизненная энергия ци, или чи, — неостановимый поток, соединяющий органы-ян по меридианам-инь.

Как в постклассической теории процессов, дао — энергия, лежащая в основе мира:

> Дао рождает, добродетель взращивает, вещь оформляется, обстоятельства приводят к завершению. Поэтому-то среди десяти тысяч вещей нет ни одной, которая не почитала бы дао и не ценила добродетель. <...> Она растит, лелеет, совершенствует, делает зрелым, содержит, укрывает. Чему давать жизнь, не иметь, на свои действия не опираться, быть старшим, но не властвовать — это называют сокровенной добродетелью [Дао дэ цзин / Семененко: 51; Capra 1991].

Понятия энергии и взаимообмена имеют фундаментальную важность для борьбы с последствиями антропоцена. Поток и движение — вот основа новых форм возобновляемой энергии, таких как ветер, вода или накопление солнечной энергии в панелях, которые со временем смогут заменить ископаемое топливо. Мир, основанный на процессах, где индивиды, группы и сообщества встречаются в диалоге и добиваются устойчивого жизнеобеспечения, — такая модель куда лучше, чем продолжать рыть землю в поисках угля и нефти.

Конфуцианство как практическая философия является основой экологичного образа жизни, который помещает человека в общество и мироздание в целом. Нужно развивать собственную добродетель, чтобы прийти в соответствие с единым целым. Природа есть доброе начало, единство, основанное на связях и процессах, в которых человек, Земля и космос образуют триаду. Жизнь снова и снова обновляется в цикле цветения и распада. Человек должен заботиться о природе, чтобы не создавать дисбаланса. На практике это значит заботиться о жилье и других нуждах, аккуратно сажать посевы, снимать урожай и хранить зерно, при этом орошая поля и сохраняя воду. Люди должны предпринимать все усилия, чтобы не загрязнять воду, почву и воздух. Чтобы добиться баланса между ростом и прогрессом, для будущего крайне важны зеленые технологии и альтернативные энергосистемы. Такие идеи могли бы лечь в основу экологической этики устойчивости, которая будет решать вопросы смены климата, исчерпания ресурсов и загрязнения [Grim, Tucker 2014: 121–125].

В западной традиции может быть намечена духовная связь между энергией и философией процесса в том виде, в каком их сформулировал Альфред Норт Уайтхед (1861–1947), и теологией процесса, разработанной калифорнийскими теологами Джоном Коббом и Дэвидом Рэем Гриффином. Философия процесса обязана своим рождением Уайтхеду, преподававшему в Гарварде, и Чарльзу Хартсхорну, у которого Кобб учился в Чикагском университете. Как энергия является основой вселенной, так и «процесс фундаментален. Из этого не следует, что все находится в процессе... но, чтобы существовать в *действительности*, нужно находиться в процессе». Философия процесса оспаривает механистическое понимание атомов и молекул как неизменных по своей сути единиц, вне зависимости от отношений, в которых они состоят. На самом же деле атомы приобретают разные свойства в зависимости от связей и контекста. В разных молекулярных соединениях атомы обладают разными качествами, поскольку новая структура есть новая среда. Таким образом, философия процесса выдвигает «экологическую» (основанную на энергии) теорию внутренних связей, согласно которой взаимодействие качественно меняет составляющие единицы. Она приходит на смену модели бильярдного шара, в которой составляющие похожи на машины — они независимы, неизменны и влияют друг на друга лишь через внешние связи. На атомы и молекулы следует смотреть не как на механизмы, которыми можно управлять и которые можно контролировать, но как на экосистемы, с которыми нужно взаимодействовать изнутри[9].

---

[9] Эта часть главы написана на основе [Merchant 2005: 133–136]. См. также [Cobb 1988: 99–113, особенно 107–108].

Таким образом, процесс-теология отвечает экологическому подходу и совпадает с движением за уход от доминирования над природой по двум пунктам: 1) ее сторонники признают «взаимные связи между всеми объектами, особенно между организмами и их окружением»; 2) эта теория предлагает «уважение и даже почтение ко всем существам и, возможно, чувство родства со всем живым». Кобб и Гриффин считают, что философия процесса подразумевает экологическую этику, политику социальной справедливости и устойчивого развития:

> Вся природа участвует в нас, а мы участвуем в ней. Нам наносят ущерб не только страдания индийских крестьян, но и забой китов и дельфинов... «заготовка» гигантской секвойи. Еще больший ущерб мы терпим, когда из-за применения технологий умеренной зоны в сельском хозяйстве тропиков пастбища превращаются в пустыни, неспособные прокормить ни человека, ни животный мир [Cobb, Griffin 1976: 76, 79, 155].

В 2015 году Дэвид Рэй Гриффин в своей книге «Беспрецедентное: сможет ли цивилизация пережить углеродный кризис?» применил идеи теологии процесса к климатическому кризису. Он считает, что человечеству жизненно необходимо уйти от ископаемого топлива, и что развитие систем чистой энергии может к 2035 году дать 80 % источников энергии, а к 2050-му — все 100 %. Но чтобы достичь этого, США крайне необходимо показать остальным пример [Griffin 2015].

Для протеже Кобба и Гриффина, теолога из Арканзаса Джея Макдэниела, весь физический мир имеет имманентную ценность. Атомы имеют такую ценность как индивидуальные объекты. Камни выражают энергию, скрытую в их атомах. Они тоже имеют степень интенсивности и внутреннюю ценность, хоть и меньшую, чем живые организмы. Внешняя форма есть выражение внутренней энергии. Из того, что камням тоже присуща внутренняя ценность, необязательно следует, что и они, и разумные существа имеют равную этическую ценность. Скорее из этого следует то, что и к тем и к другим следует относиться с почтением. Это может привести к новому христианскому подходу к естественному миру, который включит в себя и объективность, и эмпатию, и следовательно, станет мощным средством преодоления худших разрушительных последствий антропоцена [McDaniel 1986; McDaniel 1983; McDaniel 1989].

В статье «Философия процесса и глобальная смена климата» Макдэниел пишет: «Где бы мы ни жили, мы можем создавать постнефтяные "переходные" сообщества, основанные на эмпатии, равенстве, совместном участии, устойчивости, экологичности. Общества, удовлетворяющие духовные потребности и *никого не оставляющие за бортом*. И это может быть довольно весело»[10]. Далее автор указывает:

> Мы можем вести кампанию *против* индустрии ископаемого топлива (350.org) и корпораций, которые возводят алчность в ранг добродетели и принижают сострадание. Кампанию *за* глобальную смену власти, за то, чтобы местные народы могли сами принимать решения, влияющие на их жизнь. Если мы принадлежим к авраамистической традиции (это иудаизм, христианство и ислам), то можно понимать этот труд как воплощение пророческого импульса, того движения, которое критиковало авторитеты и власти и выступало за новый общественный порядок [Ibid.].

Религия и деятельная борьба с изменением климата

Есть ли еще примеры того, как религиозные верования могут вдохновлять на активное противодействие глобальному потеплению? Есть ли надежда на то, что мы придем к устойчивости? В ноябре 2017 года на фоне Международной конференции по смене климата в Бонне, Германия, различные группы путешествовали по Европе и информировали публику о связи между сменой климата и устойчивым развитием. Среди них были лидеры коренных народов Латинской Америки, для которых «Земля свя-

---

[10] Неопубликованная статья.

щенна». По словам вице-председательницы Национального альянса коренных народов Гондураса Кандиды Дерек Джексон, «мы заботились о лесах тысячи лет. Мы знаем, как защитить их». Эти группы призывают уважать права Земли, признать преступлениями действия против окружающей среды, начать прямые переговоры на тему лесоохраны, декриминализовать деятельность коренных активистов и требуют сделать обязательным наличие предварительного информированного согласия для любых проектов застройки [Watts 2017].

В США действует Межконфессиональная кампания света и энергии (Interfaith Power and Light Campaign) — проект описан как «религиозный отклик на глобальное потепление». Кампания объединяет 20 тысяч конгрегаций в 40 штатах, она помогает церквям и общинам снижать выбросы парниковых газов, устанавливать солнечные батареи и обучать прихожан. Группы, состоящие в объединении, также предпринимают усилия по отказу от услуг топливных корпораций. Как сказала Джоан Браун, исполнительный директор отделения кампании в Нью-Мексико, «смена климата — крупнейшее этическое, моральное и духовное испытание наших дней» [Tory 2017].

Преподобный Брукс Берндт из Объединенной церкви Христа выразился следующим образом:

> На самом деле мотивирует людей то, что я считаю тремя великими видами любви. Любовь к ближнему: когда понимаешь, какие реальные страдания прямо сейчас причиняет загрязнение и смена климата, это осознание дает тебе мотивацию. Далее есть любовь к творению, тревога от того, что наш природный мир истребляют, что животные вымирают, океаны окисляются, а суша лишается лесов. И мотив номер один — хотя он действует не на всех — любовь к детям [Aberra 2017].

Преподобный Берндт считает, что религиозные общины владеют богатым языком для обращения к вопросам этики и справедливости и способны показать людям лишения, которые терпят наши сородичи и другие живые существа планеты из-за смены климата.

Мусульманские общины также принимают меры против смены климата. Как заявил глава марокканского ведомства энергоэффективности Ахмед Бузид, одно из старейших зданий Марракеша мечеть Аль-Кутубия полностью перешла на солнечную энергию. В ноябре 2016 года, накануне январского саммита ООН по вопросам климата, на всей крыше до самого края минарета были установлены солнечные панели. В дальнейшем, согласно планам, примеру должны последовать еще 600 мечетей. Так, посещая мечеть, люди будут открывать сердца переменам [Bentley 2017].

Участники сетевого объединения по защите окружающей среды «Забота о Творении» (Caring for Creation) считают, что Земля — Божий дар человечеству, и потому человек обязан ухаживать за ней. Ухаживать означает поддерживать жизнь на Земле, и забота о творении укрепляет связь человечества с Богом. Как считает доктор Кэтрин Хэйхо, «смена климата неравномерно влияет на бедных и незащищенных, то есть тех, кого христиане призваны любить и опекать» [Abraham 2016].

Мудрость мировых религий и учения коренных народов включены в Хартию Земли, окончательная версия которой была в 2000 году принята Генеральной Ассамблеей ООН. Хартия стала результатом саммита Земли в Рио-де-Жанейро в 1992 году, в ней заложены цели и принципы устойчивого будущего. Хартия является откликом на тот факт, что человечество «находится на критическом этапе истории Земли» и должно «сформировать глобальное партнерство, чтобы заботиться о Земле и друг о друге, или подвергнуться риску саморазрушения и разрушения многообразия жизни».

Преамбула Хартии включает раздел под названием «Земля, наш дом»:

> Человечество является частью обширной эволюционирующей вселенной. Земля, наш дом, живая и несет на себе уникальную общность жизни. Силы природы делают существование рискованным и ненадежным, однако Земля обеспечивает естественные условия, необходимые для эволюции жизни. Устойчивость живого сообщества и благопо-

лучие человечества зависят от сохранения здоровой биосферы со всеми ее экосистемами, богатым разнообразием растений и животных, плодородной почвой, чистой водой и чистым воздухом. Глобальная окружающая среда с ее ограниченными ресурсами является общей заботой всех людей. Охрана жизнеспособности, разнообразия и красоты Земли является священным долгом[11].

Эти цели, поддержанные народами мира, должны вдохновлять нас на дальнейшие активные действия и вселять надежду на то, что Землю можно сохранить и превратить в здоровый дом для всех живых существ.

В эпоху антропоцена духовная жизнь может стать важным средством борьбы с изменением климата. Основные иудео-христианские конфессии, ислам, дальневосточные учения, верования и практики коренных народов мира — все они способны содействовать смене источников энергии. Такие идеалы, как благо всей Земли и ее обитателей, особенно бедных и нуждающихся, являются этической основой активных действий. Если все больше и больше людей будут задействовать свои религиозные убеждения ради перемен в социуме, есть надежда, что к середине XXI века мир развернется к использованию возобновляемой энергии и новой эпохе устойчивой жизни.

---

[11] Цитируется русский текст Хартии, см.: URL: https://earthcharter.org/wp-content/assets/virtual-library2/images/uploads/echarter_russian.pdf (дата обращения: 21.10.2023).

Глава пятая
Философия

В XXI веке человечество проходит через муки смены парадигмы, запустившейся с появлением физики хаоса и сложных процессов. Смена климата представляет самую широкомасштабную катастрофу, ожидающую человека в будущем. Далее я рассмотрю предысторию понятий хаоса и сложности в западной культуре, а также образ природы как неуправляемой, неподвластной законам и непредсказуемой силы, воплощением которой являются землетрясения, вулканы, цунами и эпидемии. Я рассматриваю смену климата при антропоцене как явление глобального масштаба и кумулятивного действия, и основное внимание мы уделим тому, как это явление отражает границы предсказуемости. В этой главе я продемонстрирую, что новые методы работы с антропоценом критически важны для нашего будущего.

Платон в Googleplex

19 декабря 2017 года мы с Платоном посетили штаб-квартиру Google в Маунтин-Вью, штат Калифорния. В 11:30 утра я прибыла на парковку, где место для автомобилей было крайне ограничено из-за нескольких рядов зарядных станций электрокаров, велосипедных стоянок и знаков «Места для будущих матерей» (с изображением аиста, несущего младенца в слинге).

Под мышкой я несла томик книги «Платон в Googleplex» Ребекки Ньюбергер Гольдштейн, при помощи которой собиралась развлечь принимавших меня Джона Маркофф и Ганса Питера

Философия | 127

Илл. 5.1 и 5.2. Парковка у штаб-квартиры Google, надпись «Только для электрокаров» и знак «Для будущих матерей»

Брондмо; на другом плече у меня висела сумка со статьями по философии [Goldstein 2014].

Платоновский взгляд, в конце концов, крайне необходим для понимания связей между *информацией*, как ее понимает современный анализ данных, и *знанием* в понимании Греции V века до н. э. Оба понятия важны для эпохи антропоцена.

В замечательной книге Ребекки Гольдштейн с подзаголовком «Почему философия никуда не исчезает» философ Платон (424–347 годы до н. э.) наносит визит в штаб-квартиру Google вместе с гидом с целью презентовать свою новую книгу работникам компании. В ожидании своего выступления Платон, одетый в тогу, и его гид Шерил пьют кофе с инженером по имени Маркус. В ходе беседы Шерил объясняет Платону, что теперь, если хочешь что-то узнать, достаточно просто «погуглить». Платон не может поверить, что все на свете знание может находиться здесь, в компании «Гугл». Нет, поясняет Шерил, на самом деле знание не находится прямо здесь, оно хранится «в облаке». На этом Платон приходит в большое возбуждение и желает узнать побольше [Ibid.: 71].

Облако символизирует платоновский мир чистых идей, который для философа ярче всего воплощала математика, а в наши дни — облачные вычисления. Облако противопоставлено пещере, на стенах которой видны лишь тени подлинных объектов, лишь видимость чистых форм [Ibid.: 70]. В Древней Греции идея облака как символа мира чистых форм была связана с учителем Платона Сократом. Этот образ, ставший символом познания и рассуждения, даже был высмеян в комедии Аристофана (род. 750 год до н. э.), в которой Сократ спускается из облаков в корзине [Аристофан 1970].

Платон не просто в восторге от того, что все знания можно хранить в облаке, он желает знать, как получается искать эти знания. Инженер Маркус объясняет, что в ответ на вопрос, заданный пользователем, поисковый механизм находит тысячи результатов и сортирует их в удобном порядке.

«Гугл собирает знания» — самодовольно бросает Марк, — а, как известно самому Платону, знания вещь хорошая. Однако в этот момент Платон, опустив голову, очень тихо шепчет: «Это информация, а не знание» [Goldstein 2014: 98–100].

Илл. 5.3. Штаб-квартира Google

Илл. 5.4. Визит Кэролин Мёрчант в штаб-квартиру Google. Автор с книгой «Платон в Googleplex»

Илл. 5.5. Сократ спускается с небес в корзине. Гравюра XVI века

В конце визита Платона поднимается вопрос, может ли «Гугл» дать ответ на этические вопросы. Может ли поисковый механизм, оценивающий голоса людей по поводу какой-то конкретной дилеммы, решить этическую проблему? Если большинство считает, что предаваться излишествам означает вести благочестивую жизнь, то ответ поискового механизма будет именно таков. Таким образом, на вопросы вроде «Что значит жить стоящей жизнью?» будут отвечать не эксперты по этике, как в «Государстве» Платона, а Программа Стохастических Ответов (ПроСтО[1]). По словам Маркуса, математика — метод поиска этических ответов путем краудсорсинга. Но когда герои направляются к лекционному залу (а именно на ходу, *перипатетически*, Платон больше всего и любит мыслить), философ аккуратно склоняет Шерил к признанию того, что «на этические вопросы ответ просто не найти». Однако в финале вопрос остается открытым: «ПроСтО с заглавными буквами, или "просто" строчными?» [Ibid.: 105–106, 117].

---

[1] Ethical Answers Search Engine (EASE).

Работники «Гугла» ждут лекции Платона с большим энтузиазмом. Они даже оделись в футболки «с двумя парнями в тогах, один указывает пальцем вверх, второй вытянул руку и развернул ладонью вниз». Первый — это, разумеется, Платон, который указывает на мир чистых форм как источник абстрактного знания. Второй — Аристотель, для которого формы воплощены в самих материальных объектах [Ibid.: 119].

Рисунок на футболке отображает главную дилемму антропоцена. Если все мы живем в платоновском мире математики, описываемом единицами и нулями, управляемом компьютерами и поисковиками, мире, в котором знания хранятся «в облаке», то имеет ли человек, *антропос*, верховную власть над природой? Если можно предсказать будущее путем уравнений и алгоритмов, то можно ли контролировать судьбу природы и, следовательно, человечества? Нельзя ли сделать этический выбор и принять те решения, которые позволят прервать использование горючего топлива и снизить скопление парниковых газов в атмосфере?

Но если знание, по Аристотелю, воплощено в материальном мире и то, что мир меняется — результат вклада человека, то есть двуокиси углерода и парниковых газов, то человечество, вероятно, само прокладывает путь к собственной окончательной гибели, той «смерти природы», которая на этот раз будет включать и нас с вами. Есть ли этическое решение этой дилеммы? Способно человечество сделать философский и политический выбор, который приведет к устойчивости, а не к антропогенной катастрофе? Греческие и римские философы оставили нам намеки на то, как можно переосмыслить философию в новой эпохе.

Переосмысление философии в эпоху антропоцена

Философы Древней Греции и Рима поднимали фундаментальные вопросы отношений человека с внешним миром:

1. Онтологический вопрос: из чего создан мир и как происходят в нем перемены?

Илл. 5.6. Платон и Аристотель на фреске Рафаэля «Афинская школа», Ватикан

2. Эпистемологический вопрос: как мы его познаем?
3. Этический вопрос: что мы должны делать?

Хотя этими вопросами задавались люди всех времен и эпох, особое значение они приобрели в эру антропоцена. Если антропоцен — результат контроля человека над природой посредством науки и технологий, примером чего являются выбросы парниковых газов в атмосферу, то как можно переосмыслить историю философии с точки зрения нашего вида?

Среди наиболее актуальных для темы антропоцена мыслителей — натурфилософы VI–V веков до н. э. из Малой Азии. В отличие от философов Древней Месопотамии, которые связывали изменения с действиями богов, таких как Мардук (божество грома, воды, растений и магии), милетская школа на вопрос «Из чего сделан мир?» приводила список первоэлементов и универсальных законов мироустройства, позволяющих предсказывать события. Для Фалеса Милетского, основателя ионической школы, распространявшего свое учение около 585 года до н. э. в Малой Азии, ответ звучал как «все есть вода». Дождь падает на землю, влага помогает растениям и поддержанию жизни, а затем испаряется, возвращаясь в облака, откуда снова выпадает дождем, орошая землю. Земля, по Фалесу, представляла собой диск, плавающий на поверхности воды. Другие милетцы, такие как Анаксимен (около 546 года до н. э.), называли первоэлементом воздух, а Анаксимандр считал первичным источником жизни Бесконечное *(апейрон)* [Nahm 1947].

Кроме того, какие элементы можно считать составляющими мира, не менее важна для эпохи антропоцена и вторая часть онтологического вопроса — о процессах, идущих в мире. В античную эпоху этим впервые заинтересовался Гераклит Эфесский. Его основной вклад в науку — изречение «все меняется». Все течет. «Нельзя дважды войти в одну и ту же реку; ведь новые и новые воды текут в ней». Постоянным является лишь факт перемен. Эта концепция позже была сформулирована Гегелем в рамках идеалистической диалектики, а Марксом и Энгельсом — в рамках материалистической. Идея диалектических изменений, взаимообмена между человеком и природой, крайне важна, если

Илл. 5.7 и 5.8. Гераклит Эфесский (около 540 — около 480 годов до н. э.) и Парменид из Элеи (около 504 года до н. э.)

мы говорим о том, как в XX веке человек фундаментальным образом повлиял на воду и воздух планеты, запустив потенциально необратимые перемены [Ibid.: 84–97], цит. по: [Ibid.: 91].

Другой греческий философ, о котором необходимо вспомнить применительно к антропоцену, — Парменид из Элеи, живший в Южной Италии. Он, в отличие от Гераклита, высказал идею о том, что мир состоит из неизменного бытия, перемен не существует. Но если это так, то ничто не могло бы развиваться и не было бы надежды на лучший мир. Парменид сформулировал свой принцип как «Бытие есть, а небытия нет». Это закон тождества: «а является а», основа логического мышления и самой математики. Также Парменид сформулировал закон противоречия: нельзя сказать, что «а» является «не а». Логика идентична мышлению, мнения идентичны не-мышлению. Парменидова логика стала основой математики, а значит, и того мира единиц и нулей, в котором мы живем и на котором стоит Googleplex [Ibid.: 113–121].

Атомисты, такие как Эмпедокл, живший в сицилийском городе Акрагасе, Анаксагор из Малой Азии (510–428 годы до н. э.),

Илл. 5.9 и 5.10. Эмпедокл из Акрагаса (около 444 года до н. э.) и Демокрит Абдерский (около 450 года до н. э.)

Демокрит из фракийской Абдеры мыслили в категориях материальных частиц, которые движутся в пустоте, что резко расходилось с постулатом Парменида о существующем бытии и несуществующем небытии. Для них небытие существовало, оно называлось пустотой, или космосом. Частицы, то есть атомы, перемещаются в пустом пространстве и тем самым обеспечивают изменения. У Эмпедокла силы любви и вражды, действующие на четыре стихии (Вода, Огонь, Земля и Воздух) обеспечивают ход мирового процесса [Ibid.: 128–148]. Демокрит ввел в науку количественный подход к атомизму. Слово «атом» означает «неделимый», соответственно, вместе с ними существует и небытие, то есть пустота, или космос, и «быть» значит или быть атомом, или быть пустым пространством. Атомы находятся в постоянном движении, их соединение и разделение и обеспечивает изменчивость [Ibid.: 149–155, 160–219].

К XVII и XVIII векам первочастицы-атомы ранних античных материалистов превратились в корпускулы Рене Декарта, атомы Томаса Гоббса, «массивные, твердые частицы» Исаака Ньютона

Илл. 5.11. Пифагор Самосский (около 570–490 годов до н. э.)

и в конце концов — в атомы и молекулы индустриальной эпохи [Merchant 2020: 204, 208, 276–278].

Антропоцен зависит от взгляда на материальный мир как на состоящий из атомов углерода — атомов, которые составляют углеводороды в живых организмах, и мертвой органики, превратившейся в ископаемое топливо, которое мы теперь сжигаем.

Однако взятые воедино, гераклитова концепция изменчивости и идеи логики Парменида могут дать понимание антропоцена и наметить путь к выходу из него. Перемены характеризуют физический мир, в котором мы живем. Логика и числа определяют реальный мир математики. Числа могут описывать и физический мир, хотя и несовершенным образом; философы античного мира открыли как красоту математики, так и пределы ее возможностей. В системе Пифагора Самосского мироздание основано на числах, они вечны и неизменны. Числа есть бытие, субстанция, материя, они священны. Численные соотношения образуют музыку и гармонию сфер.

Музыкальные ноты — это соотношения чисел: октава (2:1), квинта (3:2), кварта (4:3). Планеты, вращаясь вокруг Земли, звучат на определенной частоте [Nahm 1947: 68–83].

Теорема Пифагора, заимствованная из Египта или даже Месопотамии, — стройное уравнение, показывающее что сумма квадратов катетов прямоугольного треугольника равна квадрату гипотенузы ($a^2 + b^2 = c^2$; например, $3^2 + 4^2 = 5^2$). Все числа являются целыми и рациональными. Но вскоре пифагорейцы обнаружили ужасную истину, которая потрясла сами основы всей их космологии: диагональ квадрата со стороной, равной единице, иррациональна, — это квадратный корень из двух, 1,414214... и до бесконечности. Таким образом, мир одновременно рационален и иррационален, логичен и алогичен[2].

Парменид и Платон заложили эпистемологические основы цифрового мира, воплощением которого является Googleplex и который исходит из антропоценной идеи управления природой благодаря предсказуемости логики и математики в том виде, как ее разработали пифагорейцы. С другой стороны, Аристотель и ранние атомисты породили идею о материальности вселенной, о ее подвластности технологиям. Но как же концепция Гераклита, в которой вселенная изначально активна, изменчива, зачастую непредсказуема (вспомним иррациональный элемент пифагорейской ереси)? Нельзя ли переосмыслить антропоцен как взаимодействие человека со сложной и постоянно изменяющейся природой? Найдется ли способ замедлить выделение парниковых газов и двинуться в сторону возобновляемой энергии, за пределы антропоцена?

Механистичная наука и предсказуемость

Антропоцен, эра, когда человек стал контролировать природу, представляет огромную проблему для современного мира. Научная революция XVII века соединила астрономические теории Николая Коперника, Тихо Браге и Иоганна Кеплера с небесной

---

[2] [Nahm 1947: 68]. Об открытии иррациональных чисел Гиппасом см.: URL: https://www.britannica.com/biography/Hippasus-of-Metapontum (дата обращения: 22.10.2023).

Илл. 5.12 и 5.13. Исаак Ньютон (1642–1727). Портрет Годфри Неллера, 1689 год. Готфрид Вильгельм Лейбниц (1646–1716). Гравюра на меди, автор Иоганн Фридрих Баузе, 1775 год, по портрету кисти Андреаса Шайтца, 1703 год

механикой Галилео Галилея, Декарта и Роберта Бойля. В 1687 году Исаак Ньютон в «Математических началах натуральной философии» (Principia mathematica) свел принципы механики в единую систему, описываемую тремя законами движения и законом всемирного тяготения. Экспериментальная наука и техника вместе с математикой позволили человечеству изменить планету ради удобства нашего вида[3].

Современник Ньютона и его конкурент Готфрид Вильгельм Лейбниц, споривший с англичанином о природе Бога и ставший одним из основателей матанализа, также изобрел счетную машину, основу современного компьютера. Лейбниц опирался на более ранние изобретения, такие как суммирующая машина Блеза Паскаля, но его instrumentum arithmeticum (оно же «колесо Лейбница»), открытое в 1671 году, кроме сложения и вычитания, позволяло умножать и делить и тем самым математически укрепляло концепцию предсказуемости природы.

---

[3] Подробнее о научной революции см. главы 9 и 12 в [Merchant 2020].

Илл. 5.14. Альберт Эйнштейн
(1879–1955)

Также Лейбниц в качестве замены десятичной системы изобрел двоичный код из единиц и нулей, который остается фундаментом современного программирования[4]. Разностная машина Чарльза Бэббиджа, созданная в 1822 году, и его же «Аналитическая машина» 1842 года проложили путь к компьютеру XX века и цифровому миру, который до неузнаваемости изменил жизнь людей XXI века.

Нынешние компьютеры действуют на основе цифровых данных, то есть двоичного кода, созданного Лейбницем, и эти данные должны описывать физический (аналоговый) мир, в котором мы живем. Разница между двумя мирами опять же сводится к разнице между предсказуемостью чистой математики, платоновскими и пифагорейскими формами и числами, и изменчивой материей мира Гераклита и греков-атомистов.

Механистический научный подход и математическая предсказуемость хорошо объясняют бо́льшую часть физического мира,

---

[4] О «колесе Лейбница» см. [Dalakov 2023]. URL: https://history-computer.com/gottfried-leibniz-complete-biography/ (дата обращения: 22.10.2023). О двоичном коде см.: URL: https://www.britannica.com/technology/binary-code (дата обращения: 22.10.2023). Об истории компьютеров см. [Yaqoob 2016].

Илл. 5.15. Эдвард Лоренц (1917–2008)

они помогают нам уверенно пользоваться мостами и летать на самолетах, непредсказуемость проявляется в редких случаях — во время землетрясений, извержений вулканов, цунами, ураганов, эпидемий. Здесь природа автономна и часто непредсказуема, не подчиняется математической точности и компьютерному коду, то есть контролю человека над окружающей средой.

Проблемы механистической философии и предсказуемости

В конце XIX — начале XX века Макс Планк (1858–1947), Нильс Бор (1885–1962), Альберт Эйнштейн (1879–1955), Вернер Гейзенберг (1901–1976) и другие ученые начали оспаривать механицизм в науке и вместе с ним — возможность контролировать природу. Был открыт фотоэлектрический эффект, то есть то, что свет можно представить как в виде квантов, частиц энергии, называемых фотонами, так и в виде волны. В материи нашли субструктуру из электронов, протонов и нейтронов.

В 1905 году Эйнштейн в теории относительности вывел, что предельной скоростью во вселенной является скорость света. В 1927 году был сформулирован принцип неопределенности

Илл. 5.16. Илья Пригожин (1917–2003)

Гейзенберга: невозможно одновременно измерить положение и импульс частицы. Все эти идеи бросали вызов механицизму, хоть и не на том уровне, с которым мы сталкиваемся в повседневной жизни [Merchant 2016: 144, 151].

Но в 1970-х и 1980-х вызов механицизму и антропогенному контролю над природой был брошен и в обычной жизни. В декабре 1972 года Эдвард Лоренц выступил в Американской ассоциации содействия развитию науки с докладом «Прогнозирование: вызовет ли взмах крыльев бабочки в Бразилии торнадо в Техасе?». Этот феномен получил название «эффект бабочки», или чувствительность к начальным условиям. В частности, явление описывало погодные условия как хаотичные и потому плохо поддающиеся прогнозированию. Иррегулярность — фундаментальное свойство атмосферы, и большинство климатических и биосистем нелинейно, хаотично, не может полностью управляться человеком [Ibid.: 152].

Идею непредсказуемости развил еще дальше нобелевский лауреат физик Илья Пригожин, в 1980 году он написал книгу «От существующего к возникающему: время и сложность в физических науках». Позднее, в 1984 году, они вместе с Изабель Стенгерс выпустили более популярное изложение этого труда под названием «Порядок из хаоса: новый диалог человека с природой». В классической термодинамике системы находятся в равновесии или близки к нему. Таковы стабильные системы: часовой маятник, паровой двигатель, холодильник, Солнечная система. В них мелкие дополнительные вводные ведут к адаптациям и поправкам, которые хорошо описываются при помощи математического анализа и линейных дифференциальных уравнений. Но при введении крупных вводных берут верх нелинейные соотношения. В далеких от равновесия системах небольшие изменения вводных дают новые и неожиданные эффекты. А ведь бо́льшая часть систем, будь то биологические, экологические или социальные, являются открытыми, а не механически замкнутыми. В них мелкие возмущения могут вызывать распад и реорганизацию материи и энергии. На биологическом уровне появляются новые энзимы и клеточные структуры, на социальном же в ответ на подрывное воздействие может родиться новое общество [Ibid.: 152].

В 1987 году редактор «Нью-Йорк таймс» Джеймс Глик популяризовал теорию хаоса в своей книге «Хаос. Создание новой науки»[5]. Он брал интервью у многих ученых, занимавшихся этой темой, и в каждом просил объяснить ее так, чтобы ему было понятно. Теория хаоса гласит, что бо́льшая часть биологических и экологических систем не могут быть точно описаны при помощи линейных дифференциальных уравнений — в них господствуют нелинейные, хаотичные отношения. Глик показывает, как природные сущности, такие как дерево, береговую линию или снежинку, можно описывать с помощью фракталов, то есть фигур внутри фигур, имеющих свойство самоподобия [Ibid.: 151–152].

В 1992 году книгу на схожую тему написал Митчелл Уолдроп, она называется «Сложность: новая наука на рубеже порядка и хаоса». Уолдроп расспрашивал математиков и социологов из Института Санта-Фе в Нью-Мексико, где шли комплексные исследования на тему зарождения сложных структур — от бактерий

---

[5] На русском языке книга вышла в переводе Е. Барашковой и М. Нахмансон в издательстве Corpus в 2020 году. — *Прим. ред.*

до галактик и от ранних форм общества и экономики до развитых систем [Waldrop 1992; Wells 2013].

Еще одно описание различий между механистическими и немеханистическими системами можно найти в работе Дэниела Боткина 1990 года «Гармоничный диссонанс: новая экология XXI века». Боткин изучил те метафоры, при помощи которых Землю описывали на протяжении веков: природа как божественный порядок, Земля как близкое существо, природа как великий механизм. Наиболее значимыми для концепции природы как самостоятельной, непредсказуемой общности, оказались взгляды Плотина, у которого мир представляет собой диссонирующую гармонию, одновременное звучание множества тонов, и резких, и благозвучных [Botkin 1990: 25].

Таким образом, антропоценовый подход к природе как системе, управляемой человеком благодаря математике, экспериментам и технологиям, все увереннее оспаривается: возникают взгляды на природу как нечто хаотичное, сложное, диссонирующее, непрогнозируемое. Такие идеи уже заронили сомнения в способности человека предсказать, что станет с геологией и экологией планеты, если парниковые газы по-прежнему будут попадать в атмосферу из-за сжигания топлива. Непредвиденные, непредсказуемые и неконтролируемые эффекты все чаще и в большем масштабе становятся частью взаимоотношений человека с природой. Как сказал главный исполнительный директор Uber Дара Хосровшахи: «Мы цифровая компания, которая организует физический мир. Физический мир куда беспорядочнее цифрового: он сумбурный, непредсказуемый и плохо организуемый. И еще он более фундаментален»[6].

В этом новом мире XXI и последующих веков компьютерный код будет противостоять хаосу, двоичный мир будет соперничать с аналоговым, компьютерам станет сопротивляться автономная природа. Мир единиц и нулей, да и нет, платоновских чистых идей и их несовершенных отражений, оказывается сложнее и хаотичнее, чем могли себе представить Ньютон и Лейбниц.

---

[6] Цитата приведена в [Said 2018: 3].

Системы, полагающиеся на линейные уравнения, обработку данных, код и предсказуемость, по-прежнему необычайно важны для жизни в современном мире. Но непредсказуемость активной природы, которая постоянно реагирует на антропогенный фактор, нужно принимать во внимание все пристальнее. Человечество и природа — взаимосвязанные, изменчивые и состоящие в постоянном обмене сообщества; этот факт должен стать неотъемлемой частью нового, сложного мира. Платон должен сопутствовать Плотину, Гераклит — Пармениду, компьютеры и базы данных — изменчивым и непостоянным морским и речным берегам, ледникам и заливам. Требуются новые исследования, за рамками того, что я попыталась сделать в этой книге. Крайне важна роль философских концепций в других странах и то, как они могут повлиять на современный мир. Мы отчаянно нуждаемся в новой этике, подходящей для нашей планеты XXI века. Она, как мы увидим в следующей главе, должна стать этикой партнерства между человеком и Землей. Новая эра обязана стать переходом от эры антропоцена и человеческого господства к эре устойчивости и равноправных отношений людей и живого мира.

Глава шестая
Этика и правосудие

Этика и вопросы правосудия — важная часть трансформативного отклика на вызовы антропоцена. Далее мы рассмотрим через призму антропоцена разные этические системы и подходы: эгоцентричный (либеральный), гомоцентричный (антропоцентричный), экоцентричный (экологический) и мультикультурные теории. Я предлагаю новый подход, который называю этикой партнерства, и вижу в нем способ перейти к равноправным отношениям, в которых нужды человечества и природного мира станут основой совместного выживания в XXI веке. Также мы обратимся к воздействию смены климата на маргинализированные группы, и я покажу необходимость новых теорий права. Прямое включение в процессы принятия решений, планирования и осуществления политики неимущих, коренных народов, женщин, небелокожих — ключевой момент в смягчении негативных последствий антропоцена.

Экологическая этика и антропоцен

Этический отклик на проблему антропоцена и смены климата требует знания основных форм энвайронменталистской этики, а также понимания того, какая именно новая этика потребуется нам в будущем. Энвайронменталистская этика связывает теорию с практикой и таким образом, откликаясь на проблемы антропоцена, должна вместе с этим предлагать пути их решения [Merchant 2005: 64].

Илл. 6.1. Джон Локк (1632–1704)

Этика эгоцентризма укоренена в «я». Она основана на индивидуальном «надо», направленном на индивидуальное «благо». Согласно ей, то, что на пользу одному члену общества, в конечном счете послужит обществу в целом; такая этика исходит из философии, в которой индивиды (или частные корпорации) выступают как отдельные, но равные социальные атомы. Эгоцентристская этика использует философские идеи Джона Локка и Томаса Гоббса (1588–1679): каждый индивид, исходя из собственных интересов, принимает правила, закрепляющие стремление каждого жить в упорядоченном обществе. Это этика частных предпринимателей и корпораций, чья основная цель — максимальная прибыль, особенно если речь о производственной индустрии, в которой используют ископаемое топливо. Антропоцен — эра, в течение которой объем парниковых газов увеличивается по экспоненте, — основан на корпоративной эгоцентричной этике [Ibid.].

Гомоцентричная, или антропоцентричная, этика укоренена в обществе. Она лежит в основе политики общественных интересов и деятельности органов, регулирующих отношение к окружающей среде и охрану здоровья.

Утилитаризм, который развивали Джереми Бентам и Джон Стюарт Милль, предлагает обществу действовать так, чтобы

Илл. 6.2 и 6.3. Джереми Бентам (1748–1832). Гравюра Джеймса Посселвайта по портрету Джеймса Томаса Уоттса. Джон Стюарт Милль (1806–1873)

обеспечить максимальное благо максимальному количеству людей. Социальное благо должно возрастать, социальное зло — уменьшаться. В эпоху антропоцена гомоцентричной этикой руководствуются государственные органы, ограничивающие выбросы парниковых газов в атмосферу и предоставляющие услуги здравоохранения и социального обеспечения страдающим от легочных заболеваний, рака кожи и прочих последствий загрязнения воздуха [Ibid.: 72].

Экоцентричная этика укоренена в космосе. Вся окружающая среда имеет самоценность, и неодушевленные элементы, такие как камни и минералы, в этом смысле равны животным и растениям. Императив, то есть «надо» этой этики в ее эконаучной форме, берет начало в научной дисциплине экологии. Современный экоцентризм был сформулирован в 1930-х и 1940-х Альдо Леопольдом, эти идеи вошли в последнюю главу («Этика природы») его книги «Календарь песчаного графства», изданной посмертно в 1949 году.

Илл. 6.4. Альдо Леопольд (1887–1948)

Леопольд писал: «...хороша любая мера, способствующая сохранению целостности, стабильности и красоты биотического сообщества. Все же, что этому препятствует, дурно»[1]. По отношению к антропоцену экоцентричная этика означает, что человечество должно делать все возможное ради прекращения экологических последствий глобального потепления: вымирания видов, трансформации естественной среды, роста миграций неприспособленных видов [Ibid.: 75, 76].

В последние годы некоторые философы перешли от общей этики экоцентризма к формулированию этических принципов, в которые входят право окружающей среды и культурное разнообразие как ответ глобализации. Такой подход, например, предлагает Дж. Бэрд Кэликотт — для него мультикультурная этика опирается на взаимодополняемость культурного и биологического разнообразия. Человечество — единый вид, разделенный на множество культур. Все люди являются частью как местной, биорегиональной культуры, так и международной глобальной. Опора на постклассические естественные науки

---

[1] Цит. по: [Леопольд 1983].

поможет преодолеть конфликты между глобальной и региональной геополитикой. Как мы покажем далее, мультикультурная этика находит особое применение в вопросах экологического права [Ibid.: 81–83].

Мой личный взгляд, который я подробно излагаю в эпилоге, состоит в том, что нам нужна не просто новая этика. Нам нужна новая эпоха устойчивости, которая сменит эпоху антропоцена. Моя личная этика — этика партнерства человека и остальной природы. Ее главный принцип: «Этика партнерства исходит из того, что величайшим благом для человеческих и нечеловеческих сообществ является их живая взаимозависимость»[2]. Такая этика берет начало не в эго, не в обществе или космосе, но в идее родства. У нее есть пять принципов:

- равенство человеческих и нечеловеческих сообществ;
- моральный подход к человечеству и другим видам;
- уважение к культурному и биологическому разнообразию;
- включение женщин, уязвимых групп и живой природы за пределами человечества в кодекс этической прозрачности;
- экологически значимое управление, способствующее здоровью человечества и нечеловеческих сообществ [Ibid.: 84].

Этика партнерства предлагает создавать жизнеспособные отношения человека с остальной природой в каждом конкретном месте, признавая его связь с остальным миром посредством экономического и экологического обмена. Это этика, в которой обуздание людской гордыни служит как нуждам человечества, так и нуждам природы.

Но как именно сможет экологическая этика помочь справиться с антропогенной сменой климата, если говорить о климатическом праве и этических принципах, относящихся к климату?

---

[2] {Merchant 2005: 83–84}. См. также [Merchant 1996: 216–224; Merchant 2000; Merchant 1998].

Климатическая этика

Ведущие ученые и политики неоднократно заявляли, что этика не просто важна для разрешения климатического кризиса, — она и есть главный фактор в борьбе с глобальным потеплением. «Естественные, технические и гуманитарные науки могут обеспечить важнейшую информацию и данные, необходимые для принятия решений относительно того, что представляет собой "опасное антропогенное воздействие на климатическую систему". В то же время такие решения представляют собой субъективные оценки», считает МГЭИК[3]. Нужны новые принципы, помогающие определить, какие именно участники ситуации и в какой степени отвечают за смягчение последствий смены климата. Нужны новые цели, учитывающие разницу в выбросах прошлых лет и настоящего времени, вопросы богатства и бедности, качество жизни, стадии промышленного развития. Необходимо принять во внимание разницу в потребностях в углеводородах, поскольку в бедных странах их используют для базовых нужд — приготовления пищи и отапливания жилья, а в индустриализированных — для поездок на автомобилях, путешествий на самолетах и водонагрева.

Благодаря разрыву между нуждами и желаниями именно этика становится ключевой частью продуктивного ответа антропоцену. Каждый крупный аспект переговоров по вопросам климата представляет из себя этическую проблему; этические принципы и рассуждения нужны, чтобы найти путь к устранению главных препятствий за столом переговоров. Речь о таких вопросах, как ответственность за природный ущерб, достижимые цели, распределение квот выбросов CO_2, траты национальных экономик, степень ответственности, применение новых технологий, процедурная справедливость. Чтобы решить все запутанные

---

[3] Цит. по русскому тексту обобщенного доклада Межправительственной группы экспертов по изменению климата 2001 года, с. 2. URL: https://www.ipcc.ch/site/assets/uploads/2018/08/TAR_syrfull_ru.pdf (дата обращения: 25.10.2023).

Илл. 6.5. Питер Сингер (род. 1946)

вопросы климатической этики, нужно пересмотреть существующие теории и предложить новые.

По словам философа Питера Сингера, мы должны увидеть в атмосфере ресурс, за который мы все несем ответственность; нужно прийти к соглашению о том, в чем именно эта ответственность для каждой из сторон, и определить, кто сколько платит за ее охрану.

Сингер приводит такую аналогию: есть две сотни деревень, выловившие всю рыбу в окрестном озере, и есть две сотни стран, загрязняющие атмосферу, от которой зависим мы все. Лучший способ понять эту этическую проблему, пишет он, подумать о том, как лучше всего разделить скудный ресурс, который никому не принадлежит. В данном случае речь об атмосфере, а точнее, о «способности атмосферы впитывать отработанные газы без изменения климата планеты в худшую сторону» [Singer 2006]. Сингер считает, что с точки зрения этики развитые страны, находящиеся в лучшем положении, должны нести большее бремя затрат на борьбу с потеплением.

В 2006 году философ из Университета штата Вашингтон в Сиэттле Стивен Гардинер в своей программной статье «Идеальный моральный шторм» отметил, что изменение климата представ-

Илл. 6.6. Стивен М. Гардинер

ляет тяжелейшую этическую проблему, и она куда сложнее, чем трудности с одним видом веществ или одной сферой индустрии, с которыми мы имели дело раньше: как, например, выбросы хлорфторуглеродов (CFC), в 1980-х разрушавшие озоновый слой [Gardiner 2006].

Борьба с CFC не требовала большого количества участников, при этом лидеры индустрии и государственные органы понимали, что замена технологий экономически выгодна.

Но, как пишет Гардинер, в случае со сменой климата есть сразу три очевидных препятствия: сильный разброс причин и следствий, крайняя размытость круга тех, кто влияет на положение, и явная неспособность корпораций, государственных органов и науки справиться с ситуацией. Все три пункта требуют этических решений. Таким образом, смена климата —

> …комплексная проблема, затрагивающая вопросы на пересечении целого ряда дисциплин, включая науки о живой и неживой природе, политические науки, экономику и психологию. Но, ни в коей мере не желая принизить вклад этих дисциплин, надо сказать, что этика играет фундаментальную роль [Ibid.: 397].

Почти каждый живущий на Земле использует горючие полезные ископаемые и оставляет углеродный след. Поэтому для перехода на альтернативные источники энергии нужно накопить куда больший институциональный потенциал. При отсутствии консенсуса индивидов нам потребуется мощная система глобального управления. Если мы считаем, что смена климата представляет проблему, пишет Гардинер, то, значит, те наши действия, которые ее усиливают, подлежат моральной оценке. Отсюда возникает нужда «в некоем описании моральной ответственности и морально значимых интересов, а также решении, что в итоге делать с тем и другим. Что определенно переносит нас в область этики» [Ibid.].

Климатическая справедливость

Термин «экологическая справедливость» (*environmental justice*), напрямую связанный с движением за климатическую справедливость, получил широкое распространение в начале 1990-х. Он описывает масштабное движение, сложившееся из деятельности многочисленных групп поменьше, относящихся к уязвимым и непривилегированным группам как в США, так и за рубежом. Эти группы говорили о несправедливом распределении экологических благ и экологического бремени (например, обращали внимание на размещение промышленных объектов и сопутствующее загрязнение, на доступ к благам, здоровой пище, чистому воздуху и воде, паркам и зонам отдыха). Экологическая справедливость — это экологическая этика на месте событий. А этика, которую разрабатывают в кабинетах политики и общественники, в свою очередь, движима взглядом на проблемы климатической справедливости с так называемой нулевой отметки.

Вот примеры событий, которые повлияли на американские уязвимые группы и привели к движению за экологическую и связанную с ней климатическую справедливость.

Илл. 6.7. Протесты в округе Уоррен, 1982 год

- В 1982 году коренные американцы и афроамериканцы начали массовый протест против захоронения полихлорирванных бифенилов (ПХБ) в округе Уоррен штата Северная Каролина. ПХБ широко использовались в качестве изоляторов и содержатся во многих потребительских товарах. Протесты задокументированы в книге Эйлин МакГёрти «Преображение охраны природы: округ Уоррен, бифенилы и начало экологической справедливости» (2007).
- В 1983 году городские власти Лос-Анджелеса выдвинули проект LANCER, предполагавший строительство сети из трех мусоросжигательных пунктов, способной обрабатывать 1600 тонн мусора в день. Латиноамериканские активистки Мария Ройбаль и Аврора Кастильо в 1984 году основали движение «Матери Восточного Лос-Анджелеса» (MELA) в поддержку матерей из бедных латиноамериканских районов и начали протесты против LANCER, указывая на негативные последствия для здоровья городских уязвимых групп. После слушаний в 1990 году проект был остановлен, а зе-

Илл. 6.8. Протест против строительства станции очистки сточных вод в Западном Гарлеме, 1990 год

мельный участок передан некоммерческой организации для строительства жилья [Russell 1989; Stewart 1990].
- В 1989 году 129-километровая полоса между Батон-Руж и Новым Орлеаном стала известна как «Аллея рака». Химическая компания «Доу Кемикал» скупала целые кварталы, заселенные в основном афроамериканскими рабочими и отравленные винилхлоридом.
- В 1990 году темнокожие женщины организовали протест в нью-йоркском Западном Гарлеме из-за станции обработки сточных вод Норт-Ривер, которая отравляла район ядовитыми выбросами. Женщины основали движение WE ACT («Действуем») и взялись за дополнительные проекты в области экологической справедливости: за чистый воздух, экологичный транспорт, нетоксичные продукты, рациональное землепользование, снижение отходов и общественные пространства [Merchant 2005: 170–176].
- В 2014 году в городе Флинт, штат Мичиган, в водопроводную воду начал поступать свинец. Это случилось после

Илл. 6.9. Роберт Буллард

того, как город из экономии начал забирать воду вместо озера Гурон из реки Флинт. По данным Мичиганской комиссии гражданских прав, наиболее от отравления свинцом пострадали афроамериканцы, составляющие большинство горожан[4].

Публицисты и представители уязвимых групп откликались на эти и многие другие случаи аналитическими статьями, которые привели к созданию движения за экологическую справедливость, затем расширившемуся до движения за климатическую справедливость.

В 1987 году Комиссия по расовой справедливости при Объединенной церкви Христа опубликовала национальный доклад «Токсичные отходы и раса в США», где собрала данные о неконтролируемом сбросе отходов в районах с 50 % испаноязычного населения [Ibid.: 171–172].

В 1990 году афроамериканский активист Роберт Буллард из Университета Кларка Атланты выпустил книгу «Помойки Дикси.

---

[4] URL: https://www.nrdc.org/resources/fighting-safe-drinking-water-flint (дата обращения: 25.10.2023).

Раса, класс и экологическое равенство», за которой в 1993 году последовала «Борьба с экологическим расизмом: голоса с самого низа». В 1994-м Буллард основал Ресурсный центр экологической справедливости и составил картотеку из более чем 400 «экологических организаций людей с небелым цветом кожи». Как правило, эти группы начинали как борцы за социальную справедливость, а потом, расширяясь, охватывали и проблемы экологической и климатической справедливости. Позже Буллард переехал в Хьюстон, в Южно-Техасский университет, где написал книгу «Черный мегаполис» (2007). Он обозначил проблему «свободной земли, свободного труда, свободных людей»: «свободную землю» на деле отняли у коренных обитателей Америки, «свободный труд» осуществляли рабы-афроамериканцы, а к «свободным людям» относились мужчины-собственники, имевшие право голоса [Ibid.: 172; Bullard 1993: 15–16].

Экологическая справедливость и климатическая справедливость

Изменение климата как этическая проблема сильно меняет и расширяет поле экологической справедливости. Сейчас исследователи, занимающиеся изменением климата, подчеркивают противоречия между гомоцентричным, утилитарным подходом и правовым, эгоцентричным путем к достижению равенства. При этом они признают, что обе концепции необходимы и должны быть включены в единую функциональную схему. После наблюдений за тем, как эти базовые этические теории работают на практике, специалисты признают, что

> ...расхождение между утилитарным и правовым подходом к равенству... фактически имеет причиной тот кризис управления, который охватил местные, национальные и глобальное сообщества. <...> Права личности, права местных и этнических групп... не должны нарушаться даже ради совокупного блага [Rayner, Malone 1998: 219].

Новые теории климатической справедливости должны откликаться на возникающие проблемы, а тем группам, которые в первую очередь сталкиваются с непосредственными эффектами смены климата, нужны новые рабочие походы.

Идея экологической справедливости отражает и то, что маргинализированные народы должны непосредственно участвовать во всех обсуждениях того, как именно на их сообщества влияет изменение климата и изменение экологии. В докладе Комиссии по гражданским правам США от 2003 года ясно указано, что прямое включение групп с низким доходом и небелокожего населения во все стадии процесса принятия решений, в процессы планирования и оценки экологических проектов и политики — ключевой момент для любых попыток смягчить негативные последствия экологического кризиса[5]. В тематической литературе подчеркивается роль, которую должны играть небелые общины в определении того, что конкретно представляет собой «справедливость». Эти группы могут помочь нам определить характер климатической справедливости и то, как она должна применяться, с их точки зрения, по вопросам гендера, расы и классовых различий, чтобы определить личные и социальные реакции на последствия кризиса. Поэтому новые теории могут и должны создаваться теми, кто больше всего затронут мгновенными последствиями климатических изменений.

Кроме этого, на движение оказывает влияние и академическая этика. Этические рамки обязаны учитывать справедливость в распределении благ, неравный доступ к ресурсам и неравную платежеспособность. Теории права должны отображать все сложности климатического неравенства, а существующие правовые системы — давать адекватный отклик на изменение климата. Требуется развитие как теорий, так и практик.

Изменение климата — это особая проблема экологического права, имеющая глобальный характер. Борьба с ним — это синтез более мелких экологических движений, так как многие из них

---

[5] Оригинальный текст доклада доступен здесь: URL: https://www.usccr.gov/files/pubs/envjust/ej0104.pdf (дата обращения: 26.10.2023).

уже связаны с вопросами энергии и равенства. Почти повсюду от индустриализации выиграли самые богатые нации, и они будут какое-то время процветать, в то время как развивающиеся страны сталкиваются с кризисом прямо сейчас. Однако внутри США вопросы неравенства выглядят особенно вопиюще: разрыв между бедными и богатыми — самый крупный среди всех индустриализованных стран. В ближайшие несколько десятилетий у обеспеченных людей еще останутся козыри против катастрофических перемен в климате — страховки, ипотека, место жительства, — а бедняков ожидает недостаток средств существования, уменьшение ресурсов и наводнения, которые приводят к моментальным катастрофическим потерям.

Климатическая справедливость и коренные народы

Климатическая справедливость имеет разное значение для аборигенов Аляски, коренных американцев, латиноамериканцев и афроамериканцев. Эти группы несут более тяжкое бремя, чем белые американцы, и имеют меньше ресурсов, но их история и знания могут помочь в борьбе за смягчение суровых последствий изменения климата. Ученые и активисты, несмотря на огромную разницу в языке, культурной перспективе и мировоззрении, в последнее время стараются выделить элементы, необходимые для климатической адаптации и достижения равенства — например, это действующие сети социальной, культурной, экономической и политической поддержки. Народы континентальных США, Гавайев и Аляски определили шесть критически важных для себя секторов: «Вода, сельское хозяйство, здравоохранение, утрата дикой природы и экосистем, суверенность территорий и границ, туризм и отдых»[6]. Активное участие лидеров коренных американцев в климатической политике позволит задействовать тех, кто больше всего пострадал от изменения

---

[6] [United States Global Change Research Program 2005].

климата, и в то же время даст возможность использовать сильные стороны и культурную историю коренных групп.

Две наиболее пострадавшие группы в США — коренные народы Арктики и 48 континентальных штатов, и они не только на своем опыте испытывают мгновенные последствия кризиса, но и способны поделиться давними практиками, культурными взглядами и инструментами познания вопросов, стоящих перед нами. В последние годы жители инуитских поселений сталкиваются с тем, что куски ледника откалываются от побережья и уплывают, что заставляет их переселяться на сотни километров вглубь материка, и на это уходят десятки миллионов долларов. Но на самом деле положение обстоит еще хуже: в ближайшем будущем коренным племенам грозит голод и банкротство, поскольку цены на энергоносители растут, а арктические виды, составлявшие их основной рацион, теряют ареалы обитания и вымирают. Вопрос даже не в нескольких, хоть и ключевых, ресурсах — мы утрачиваем цельность экосистем всей Арктики, их способность поддерживать жизнь [Hanna 2007]. Коренные группы стремятся обратить внимание Конгресса на «уникальные нужды общин коренных американцев... необходимость в средствах для переселения, в законодательстве, ограничивающем выбросы, в каком-то государственном органе, который будет заниматься их нуждами», как пишет Хизер Кендалл-Миллер из Фонда прав коренных американцев [Kendall-Miller 2007]. Проблемы коренных жителей Аляски и американских индейцев, связанные с глобальным потеплением, дают ясное представление о том, какой кризис переживают коренные народы.

Такие отклики на изменение климата демонстрируют несколько измерений климатической справедливости. Племенная общность может реагировать на изменение климата на уровне крайне локализованной проблемы (например, когда водные ресурсы, определенные договором, все больше используются некоренным населением) и идти путем нормативного вмешательства, в рамках конкретных федерально-племенных юридических и этических постановлений. Но эта же самая реакция может указывать и на то, что некоторые воды нужны для духовных и культурных нужд. Не вся вода одинакова: с духовной точки зрения, одна приемлема, а другая считается загрязненной. Поэтому вопрос может одновременно затрагивать этику, право и религию.

Список связанных с климатом проблем бедного афроамериканского и латиноамериканского населения пугающе велик. Среди них гораздо выше соотношение бедных, живущих рядом с токсичными зонами, по сравнению с богатыми; больший процент населения живет в районах, подверженных климатическим катастрофам, таких как крупные города и прибрежные зоны. Более того, без серьезных экономических изменений в ближайшие десятки лет бедные классы будут все больше платить за энергию и пищу — уже сейчас у них уходит на это куда больший процент доходов, чем у обеспеченных классов. Из-за загрязнения токсичными отходами среди темнокожих выше уровень раковых заболеваний и астмы, а процент лиц, не имеющих страховки, среди них вдвое выше, чем среди белых. Нарастающие эффекты изменения климата в США быстро ухудшат уже существующий разрыв в благосостоянии. Пренебрежение и эксплуатация, с которыми афроамериканцы столкнулись во время и после урагана «Катрина», ярко иллюстрируют, в каком направлении будет развиваться борьба за справедливость, учитывая все большее количество ураганов, связанных с глобальным потеплением. Уязвимые группы, непосредственно испытывающие последствия изменения климата, вносят важный вклад в дело климатической справедливости.

Концепции и рамки климатической справедливости в настоящее время разрабатывают политические деятели. Но до недавних пор дебаты преимущественно велись вокруг ограниченного понимания проблемы: речь шла о выделении для каждой страны среднедушевой квоты выбросов; о правах, связанных с исторической ответственностью; о правах, связанных с желанием и возможностью страны нести расходы, — или же о некой комбинации перечисленного. Но сейчас специалисты по климату все чаще поднимают и другие вопросы из области правосудия. Например, процессуальное право и роль развивающихся стран в принятии решений об адаптации к изменению климата [Paavola, Adger 2006]. Еще один способ построить более плюралистскую рабочую схему — искать способы внедрения разных показателей и критериев справедливости. В них могут входить равенство общественного положения и обладания властью; равенство прав, доступа к ресурсам и благам. Это показатели благосостояния, здравоохранения, финансов, а также средняя продолжительность жизни; это экологическое благосостояние — экосистемные услуги, ключевые виды, утрата ареалов обитания и так далее.

Движение за климатическую справедливость зародилось из экологического движения 1980-х годов и тесно связано с эрой антропоцена и изменением климата, вызванным сжиганием ископаемого топлива. Изменение климата особенно сильно влияет на малообеспеченные и уязвимые группы, не имеющие экономической и политической власти и живущие в зонах наибольшего загрязнения воды, воздуха и почвы. Потребуются новые исследования на тему основ экологической этики в странах Востока и развивающихся странах. Как могли бы эти этические системы и подходы к охране природы внести вклад в спасение нашей планеты? Выход из антропоцена пролегает через всемирное движение к многообразным системам устойчивости и перехода на возобновляемые источники энергии. Только с новыми формами этики и правосудия мы сможем перейти из эры антропоцена в эру устойчивости.

Эпилог
Будущее человечества и Земли[1]

Антропоцен ставит серьезные вопросы не только перед естественными и социальными науками, но и перед гуманитарной экологией. Человечество должно строить свои отношения с окружающей средой с учетом последствий изменения климата, основ этической и климатической справедливости, так, чтобы помогать уязвимым группам населения, влиять на индивидуальное поведение и политику ради будущего человечества. Такие дихотомии, как природа/культура, этика/экология, разум/тело, не выдерживают современных климатических вызовов. Гуманитарные дисциплины уже внесли вклад в построение экологических стратегий, они откликаются на последствия изменения климата и помогают их смягчить [Parker 2006]. Между главными предметами гуманитарных наук (искусством, литературой, религией, философией, этикой, правом) есть значимые связи, которые позволяют выстроить общие рамки для решения экологических проблем, с которыми сталкивается человечество в XXI веке.

Новая история

Я думаю, что в XXI веке нам нужна новая история и новая этика, поскольку мы рискуем встретить еще одну «смерть природы», и она уже может включить в себя человека как вид

---

[1] Частично публиковалось в [Merchant 2010].

и бо́льшую часть современного физического и биологического мира. Но если мы сможем построить новую историю, историю устойчивости, то найдем выход из эпохи антропоцена.

Эта новая история должна стать основой эпохи динамического взаимодействия человека и Земли, взаимовыгодного обмена человеческой части природы и остальной. Такая концепция признает, что природа автономна и порой непредсказуема, как ее описывает детерминистская наука и теории хаоса и сложности. Мы, люди, как вид, можем извлечь урок из того, что происходит сейчас с океанами и атмосферой в итоге антропогенного накопления парниковых газов, которое разрушает известную нам жизнь. Мы способны использовать познания в науке, технике и строении общества, а также духовные и этические связи друг с другом и остальной природой, чтобы начать новую главу будущего Земли.

Идея устойчивости исходит из того, что человечество должно брать от Земли то, что необходимо для поддержания жизни, возвращать то, что может быть переработано и выращено, и по возможности оставлять невозобновляемые ресурсы (особенно ископаемые виды топлива) нетронутыми. Я использую термин устойчивость (*sustainability*) не совсем в том значении, в каком говорила об устойчивом развитии Гру Харлем Брунтланн в докладе «Наше общее будущее», известном как «Доклад Брунтланн» (Международная комиссия по окружающей среде и развитию, 1987 год) [Brundtland 1987]. Как я писала в другой работе:

> Вместо термина «устойчивое развитие», которое только укрепляет доминирующий подход к развитию, женские экологические организации и другие НКО предпочитают говорить об «устойчивом жизнеобеспечении». Это подход, ориентированный на человека, подчеркивающий обеспечение основных нужд, здоровья, трудоустройства, системы страхования по старости; устранение бедности; право женщин на контроль над собственным телом, над методами контрацепции и ресурсами. Примерами такого подхода можно считать местное, устойчивое сельское хозяйство, биорегионализм, автохтонный взгляд [Merchant 2010; Braidotti 1994].

К этому относятся экологические методы, объединяющие мудрость коренных народов с новыми формами экоменеджмента и экологии восстановления, которые позволяют возвращать Земле взятое у нее.

Как я показала в шестой главе, новая этика, соответствующая эре устойчивости, — это этика партнерства. Она гласит: величайшим благом для человеческих и нечеловеческих сообществ является их живая взаимозависимость.

Моя этика партнерства включает пять принципов:

1. Равенство человеческих и нечеловеческих сообществ.
2. Моральный подход к человечеству и другим видам.
3. Уважение к культурному и биологическому разнообразию.
4. Включение женщин, уязвимых групп и живой природы помимо человека в кодекс этической прозрачности.
5. Экологически значимое управление, способствующее здоровью человечества и нечеловеческих сообществ [Merchant 2012: 224].

Этика партнерства основана на обмене между людьми, а также между людьми и природой. В других своих работах я привожу многочисленные примеры того, как можно внедрить ее в жизнь. Я включаю в эти примеры методы сотрудничества с бизнес-сообществом и нынешними капиталистическими структурами, хотя считаю, что устойчивая система должна уйти от чрезмерной эксплуатации природных ресурсов ради прибыли. Применение этики партнерства — критически важное условие для начала новой истории устойчивости, то есть альтернативы негативным последствиям антропоцена.

Но как же можно прийти к устойчивости и добиться лучшего будущего? По мнению Марка Джейкобсона, профессора гражданского строительства и природоохранных технологий в Стэнфордском университете и главы стэнфордской программы «Атмосфера/Энергетика», при помощи ветряной, гидро- и солнечной энергии мы сможем к 2050 году начать движение в сторону устойчивости [Jacobson et al. 2015].

Илл. Э.1. Марк Джейкобсон

По его словам, чтобы к 2050 году найти решение проблемы глобального потепления, нам надлежит перейти к экономике, основанной на возобновляемых источниках энергии. Следует прекратить полагаться на уголь, нефть и газ (COG) и перейти на ветер, воду и солнце (WWS), включив 1,2 % геотермальной энергии, энергии приливов и волн. Джейкобсон отмечает, что применение WWS стремительно расширяется, так как эта энергия постоянна, она чистая, безопасная и широкодоступная. Главная проблема — в обеспечении бесперебойной работы энергосетей. Джейкобсон вместе с коллегами предложили модель сети, которая способна без перегрузок поставлять чистую энергию по разумной цене, без применения природного газа, биотоплива или ядерной энергии. В долгосрочной перспективе задача в том, чтобы обеспечить надежность нагрузки, зависящую от времени, по низкой цене, и при этом учесть регулирование спроса и накопления. Если этого добиться, то к 2050 году мир сможет полностью перейти на WWS.

Как построить полноценную экономику на чистой энергии? Джейкобсон возглавляет «Проект решений» (TheSolutionsProject.org). Он ежедневно выглядывает на сайт новые достижения и задачи со всего мира, которые помогут к 2050 году снизить эффект глобального потепления.

Например, есть следующие решения:

- По новому плану 139 стран способны полностью перейти на возобновляемую энергию.
- 82 % из 26 000 опрошенных в 13 странах мира хотят стопроцентной возобновляемой энергии. Лишь 18 % этого не хотят.
- Пятьдесят городов США уже приняли решение полностью перейти на чистые, возобновляемые источники энергии, такие как ветер и солнце.
- Google официально полностью питается от солнца и ветра — и получает три гигаватта.
- Электросети Южной Австралии теперь включают в себя гигантский аккумулятор Tesla, соединенный с ветряной электростанцией, и система способна круглосуточно поставлять электричество.
- В Германии вновь резко упала стоимость ветряной энергии. Цена на электричество береговых ветряных установок сейчас составляет половину от прогноза ЕС на 2030 год.
- Европейский союз увеличивает план по переходу на возобновляемые источники к 2030 году благодаря падению цен на возобновляемую энергию: вместо 27 % теперь планируется заменить 30 % источников.
- Принято решение о закрытии угольной электростанции в Кеноше, штат Висконсин. Станция сжигает 13 000 тонн угля в день и производит один гигаватт энергии.
- В Мексике компания Enel в рамках третьего в стране долгосрочного тендера выиграла право на поставки энергии и получила сертификат экологичности. Четыре ветряные станции обладают общей производительностью 593 мегаватта.

Однако в июне 2017 года Кристофер Клэк из Национального управления океанических и атмосферных исследований (NOAA) вместе с соавторами отреагировал на идеи Джейкобсона в своей статье, утверждая, что мы не сможем прийти к желаемому реше-

Илл. Э.2. Кристофер Клэк

нию без использования ядерной энергии и энергии, получаемой из биотоплива [Clack 2017].

Клэк и его коллеги считают, что для надежной неуглеводородной энергетики потребуется диверсифицировать наш портфель чистой энергии, не ограничиваясь ветром, водой и солнцем. И этой цели не достичь без источников ядерной и биоэнергии, а также улавливания и хранения углерода. Существуют отрасли индустрии, которые на данный момент необычайно тяжело будет перевести на электричество: например, авиация и производство цемента. Если охватить и эти отрасли, максимальная эффективность электросетей составит 80 %. Лично я полагаю, что, несмотря на анализ Клэка и его коллег, строить новые атомные электростанции не только слишком дорого, то есть нерентабельно — это еще и слишком опасно. А с биотопливом основная проблема в том, что, как показали в 2007 году Пауль Крутцен и его коллеги, при его производстве выделяется оксид азота (N_2O), который еще пагубнее сказывается на глобальном потеплении, чем ископаемые виды топлива [Crutzen et al. 2007]. Улавливание углерода при помощи посадки деревьев и других растений в сочетании с использованием возобновляемых видов энергии, в свою очередь, может стать шагом вперед.

Глобальная экологическая революция

Нам нужно будущее, основанное на возобновляемой энергии, — замена господствующей в XXI веке парадигмы эпохи антропоцена. Для этого потребуется не просто переход на возобновляемую энергию, но целая социально-экономическая революция. Чтобы эру антропоцена сменила эра устойчивости, нам следует изменить капиталистические отношения производства, составляющие основу капиталоцена. Более того, и нынешний период патриархата должен уступить место новым социоэкономическим отношениям, новым гендерным отношениям (между мужчинами, женщинами, бисексуальными и трансгендерными людьми) и экологической этики партнерства друг с другом и с планетой[2]. Все отношения между экологией, производством, воспроизводством и сознанием, показанные далее на диаграмме, должны быть преобразованы. Это преобразование и составит глобальную экологическую революцию, которая приведет нас к устойчивому миру. Это решит проблемы, существующие на пересечении следующих трех уровней диаграммы: 1) производство и экология; 2) человеческое и природное воспроизводство; 3) сознание.

Проблемы на пересечении капиталистического производства и экологии (первый уровень) включают глобальное исчерпание ресурсов и загрязнение. К ним относятся ядерная война и аварии на ядерных электростанциях, угрожающие всей Земле онкогенным загрязнением. Сжигание ископаемого горючего ради индустриального производства увеличивает количество углекислого газа в атмосфере. Уничтожение тропических дождевых лесов ради пастбищ и полей замедляет превращение двуокиси углерода в кислород в ходе фотосинтеза. Итогом становится глобальное потепление и таяние полярных льдов. Парниковый эффект меняет погодные условия, что влияет на сельское хозяйство, рыбную ловлю и экологию локальной среды обитания.

---

[2] О редукционизме и общинно ориентированном подходе к экологии см. [Worster 1994].

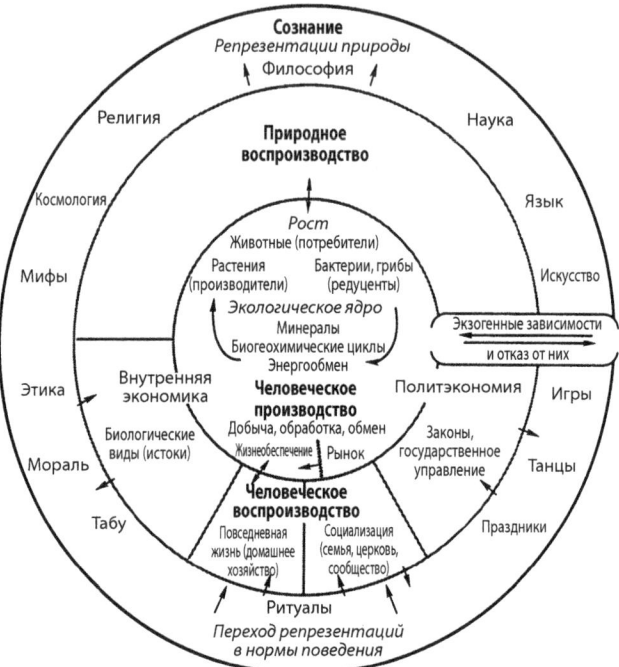

Илл. Э.3. Диаграмма экологической революции

Неразлагаемый промышленный пластик отравляет почву и океан. Производство хлорфторуглеродов для холодильников и упаковочного пенопласта угрожает защитному озоновому слою Земли. Токсичные отходы химической индустрии попадают в запасы грунтовых вод, что опасно для здоровья людей. Кислотные дожди из-за промышленности, сжигающей уголь, пересекают границы государств, повышают кислотность озер и вредят лесам. Разрушение ареалов обитания из-за промышленной экспансии угрожает сотням биологических видов по всей планете.

Другие проблемы и разрывы ареалов возникают на пересечении производства и воспроизводства (второй уровень). Население планеты продолжает расти в геометрической прогрессии, несмотря на спад рождаемости в промышленно развитых странах.

Рост населения в развивающихся странах перегружает экономику, а значит, и природу. Такое давление подвергает испытаниям традиционные половые/гендерные роли, а также создает новые схемы промышленного/экономического производства и биологического воспроизводства. Появление по всему миру зеленых политических партий — отчасти реакция на провал традиционной политической системы, которая для борьбы с нехваткой ресурсов и загрязнением может лишь воспроизводить и подпитывать капиталистическое общество. Такое напряжение в сферах производства и воспроизводства по факту оказывается угрозой здоровью и выживанию человека и всего живого.

На третьем уровне, уровне сознания, механистический взгляд на мир, который восходит к научной революции XVII века и открытиям Исаака Ньютона, создал систему научных взглядов, позволявшую видеть в природном мире предсказуемость и управляемость. Технологии антропоцена, такие как паровой двигатель, еще сильнее укрепили эту систему взглядов и обеспечили значительное улучшение и комфорт жизни человека — однако ценой разрушения мира природы. Какие существуют возможности попытаться решить современный экологический кризис?

Исход глобального кризиса в сферах производства, воспроизводства и сознания может быть как положительным, так и отрицательным. Пессимистичный сценарий — кризис и коллапс, предсказанный моделями «пределов роста» в 1970-х годах; мальтузианская ловушка, когда рост населения обгоняет возможности снабжения продовольствием. Положительным итогом могла бы стать реорганизация в результате кризиса, в соответствии с принципом «порядок из хаоса» Ильи Пригожина и Эриха Янча[3]. Это могло бы подтолкнуть нашу планету в XXI веке

---

[3] В термодинамике Пригожина противопоставляется равновесная или почти равновесная динамика закрытых, изолированных физических систем, описываемых механистичной моделью, и динамика открытых, биологических и социальных систем, где идет постоянный обмен веществом и энергией с окружающей средой. В биологических системах катастрофические изменения могут запустить крупные преобразования. Нелинейные отношения и положительная обратная связь поддерживают развитие.

к экономической и экологической устойчивости. Новые пути производства, воспроизводства и сознания по-новому структурируют мир для жителей XXI века.

Переход к эре устойчивости подразумевает перемены в производстве и воспроизводстве, которые коснутся и развитых, и развивающихся стран. Эксплуатация природы, а также коренных народов и населения стран третьего мира уступит место новым приоритетам, прежде всего жизнеобеспечению и повышению качества жизни. Процесс может быть подкреплен глобальными усилиями по сбережению энергии и переходу на ее возобновляемые источники, переработке невозобновляемых источников и развитию соответствующих технологий. При разумном подходе экономический и экологический прогресс в развивающихся странах проложит путь к демографическому переходу, то есть снижению рождаемости, уже имеющему место в развитых странах. Изменения в производстве будут подстегивать перемены в воспроизводстве, а вместе оба фактора снизят давление человека на экосистему планеты. Этот переход будет легитимизирован через смену ценностей и способов восприятия, познания и ощущения мира человеком.

Призыв как можно скорее преобразовать наше сознание поддерживают те врачи, экологи, феминистки, поэты и философы, которые говорят о новой философии, способной снова соединить культуру с природой, тело с разумом, объединить мужскую и женскую модели переживания и репрезентации «реального». Они считают, что природа как субъект уже вырывается из смирительной рубашки механицизма, в которой человечество удерживало ее последние 300 лет. Пойдя по пути социального конструирования новой «реальности», будущие поколения смогут научиться немеханистичному мировоззрению. Когда Макс Хоркхаймер в 1947 году говорил о восстании природы, он призывал к тому, чтобы говорить на языке, отличном от языка инструментализма:

> Некогда искусство, литература и философия стремились к тому, чтобы выражать смысл вещей и жизни, быть голосом всего безгласного, служить природе органом для осознания

ее страданий или, иначе говоря, называть действительность ее подлинным именем. Сегодня у природы отняли язык. И если некогда каждое слово, каждый звук, возглас или жест были полны смысла, то сегодня все это превратилось в обыденность [Хоркхаймер 2011: 118][4].

Голос, которым говорит природа и который слышен человеку, выражен тактильно, чувственно, через слух, обоняние и зрение, его воспринимают не через бестелесный разум, но через внерациональное, «нутряное» понимание. Ради нашего выживания мы снова должны сделаться «подобными» природе, не как объекты, а в самом глубоком смысле интуитивного слияния с ней.

Из заботы о будущем Земли рождается целый новый спектр наук с экологической перспективой. В их основе новый тип мышления — интегрированное мышление. Имитация, синтез, творческая взаимосвязь человека с природой создают форму сознания, в которой интуитивное понимание через тело и информационные сети («разум») внутри природы соединяет нас с остальным миром. Новые теоретические рамки оспаривают позитивистскую эпистемологию и выстраивают совместные формы сознания. В «экологии разума» Грегори Бейтсона природа рассматривается как информационная сеть, в которой данные циркулируют от мозга к руке, к палке, к камню, к земле, к глазу и снова к мозгу. «Разум» природы объединяет человеческий субъект и активный объект в более крупную структуру обмена энергией и информацией. Природа — изменчивое целое, целиком состоящее из взаимодействий и процессов, которые интерпретирует человек. Интуитивное телесное понимание едино с разумом [Бейтсон 2000: 249–269].

Философы также предлагают альтернативы механицизму, основанные на естественной активности природы, на ее самоорганизации, гибких границах и выносливости. Представители «глубинной экологии», такие как Арне Несс (1912–2009) считают, что простой реформизм не в силах справиться со всей глубиной экологических проблем. Они призывают к фундаментальной

---

[4] О принципе мимезиса см. [Berman 1981: 177–182].

трансформации всей западной эпистемологии, онтологии и этики. Глубинная экология представляет собой переход от механицизма к экологическому мышлению, основанному на равенстве биологических видов, новых технологиях и переработке отходов (ресайклинге). Социальная экология и ее приверженец Мюррей Букчин (1921–2006) уделяют внимание биорегионам, понимая их как экологические места обитания и основу для локальных общественных трансформаций. Новая философия проникнута экологической этикой, ориентированной на создание устойчивых отношений с природой [Naess 1973; Deval, Sessions 1985; Bookchin 1982][5].

Структурные изменения внутри науки также могут указывать на смену парадигмы. Новая физика Дэвида Бома меняет старую картину мира как отдельных атомов на новую философию цельности. В ней каждый момент времени разворачивается и сворачивается в потоке «голономного движения». Космология Бома признает первичность процесса, а не господство составляющих мир частей. Британский химик Джеймс Лавлок предложил «гипотезу Геи», согласно которой земная биота поддерживает оптимальный для поддержания жизни химический состав океанов и атмосферы. Имя греческой богини Земли выступает метафорой саморегулирующейся (кибернетической) системы, которая управляет химическими циклами планеты. В математике теория хаоса предлагает инструменты описания сложности и турбулентности, отвечающие пониманию того, что природа как субъект часто преподносит сюрпризы и катастрофы, непрогнозируемые при помощи линейных уравнений и механических соответствий [Пригожин, Стенгерс 1986; Jantsch 1980; Bohm 2002; Briggs, Peat 1986; Глик 2020; Lovelock 1979].

Вместе с переменами в естественных науках, эпистемологии и этике появляются новые прикладные дисциплины, нацеленные

---

[5] См. также: Букчин М. Экология Свободы: возникновение и распад иерархии / пер. с англ. Н. Шевченко, 2011. URL: http://ekois.net/wp-content/uploads/2011/12/bookchin-the-ecology-of-freedom.pdf (дата обращения: 28.10.2023).

на переход к экологической устойчивости. Например, реставрация — активное восстановление первозданных экосистем, таких как прерии, саванны, реки и озера. Изучая и копируя схемы из живой природы, мы можем повторять мудрость самой эволюции. Вместо деконструкции живого и упрощения экосистем, чему мы за минувшие три века научились необычайно хорошо, экологи-реставраторы собирают разрушенное обратно. Их задача не в том, чтобы анализировать природу ради власти над ней, а в синтезе ради жизни в симбиозе внутри единого целого[6].

Глобальная экологическая революция восстановит отношения людей друг с другом и отношения человека с природой. Доминирование над женщинами и над природой, присущее рыночной экономике, и использование их как ресурсов будет прекращено. Женщины и мужчины станут партнерами живого мира.

Экологическая трансформация в самом глубоком смысле повлечет за собой перемены в экологии, производстве, воспроизводстве и формах сознания. Экология как новое мировоззрение поможет решить проблемы окружающей среды, причиной которых стало механистичное, индустриальное понимание природы. Вместо оппозиций субъект-объект, тело-разум, природа-культура экологическое сознание видит сложный и многосоставный процесс, в который включены и природа, и культура. В экологической модели люди не беспомощные жертвы природы и не ее заносчивые властители, а активные участники работы природной сети, частью которой являются.

Кажется, что сделано много шагов к более здоровой, устойчивой биосфере, но все же силы, поощряющие текущие паттерны разграбления ресурсов и загрязнения, все еще крепки. Патриархат, капитализм и доминирование над природой глубоко укоренились в мире и работают на сохранение нынешнего вектора развития. Но мы можем надеяться, что в XXI веке их сменит устойчивая глобальная среда, новая этика и общество.

---

[6] Текст частично опубликован в [Merchant 1986: 68–70]. См. также [Jordan 1983].

Если к 2050 году добиться устойчивости или хотя бы переломить ход глобального потепления, мы выйдем из эры антропоцена и войдем в новую эпоху, где люди будут сотрудничать с природой как партнеры. Ее коротко описывает следующая мантра:

> Солнечные панели на каждую крышу,
> Велосипеды в каждый гараж,
> Грядки в каждый двор [Worthy et al. 2018].

Политика, этика и индивидуальные действия способны восстановить, оживить и вернуть нам Землю.

Список иллюстраций

Введение

Илл. В.1. Пауль Крутцен: Getty Images.
Илл. В.2. Юджин Стормер. Фото предоставил Рассел Крейс-младший.
Илл. В.3. Голоцен URL: http://www.igbp.net/globalchange/anthropocene.4.1b8ae20512db692f2a680009238.html (дата обращения: 30.10.2023). Общественное достояние.
Илл. В.4. Глобальные изменения температуры, 1880–2010: «Глобальное потепление и климат». URL: https://www.global-warming-and-the-climate.com/index.html (дата обращения: 30.10.2023). Общественное достояние.
Илл. В.5. Антропогенный след. Jessica Stites. The Dawning of the Age of the Anthropocene // In These Times (Apr. 14, 2014): 1. Автор рисунка Рэйчел К. Дули © 2014; используется с разрешения.
Илл. В.6. Прогноз концентрации парниковых газов в атмосфере на 2000–2100 годы по данным EPA. URL: https://www.epa.gov/climate-indicators/climate-change-indicators-atmospheric-concentrations-greenhouse-gases (дата обращения: 30.10.2023). Общественное достояние.
Илл. В.7. Сванте Аррениус. Нобелевский фонд. URL: https://www.nobelprize.org/prizes/chemistry/1903/arrhenius/facts/ (дата обращения: 30.10.2023), Wikimedia Commons. URL: https://commons.wikimedia.org/wiki/File:Svante_Arrhenius.jpg (дата обращения 29.08.2023). Общественное достояние.
Илл. В.8. «Большое ускорение», по данным МПГБ. Предоставлено Уиллом Стиффеном.
Илл. В.9. Донна Харауэй. Предоставлено Донной Харауэй.
Илл. В.10. Дипеш Чакрабарти. Предоставлено Дипешем Чакрабарти и Аланом Томасом.

Илл. В.11. Наоми Кляйн. Автор фото Джей Л. Клиденин. Предоставлено Los Angeles Times.

Илл. В.12. Иан Ангус. Предоставлено Ианом Ангусом.

Илл. В.13. Эдуардо Вивейруш де Кастру. Предоставлено Эдуардо Вивейрушем де Кастру.

Илл. В.14. Джейсон Мур. Предоставлено Джейсон Мур.

Глава 1

Илл. 1.1. Машина Ньюкомена: предоставлено Джозефом Сири. Общественное достояние.

Илл. 1.2. Джеймс Уатт (1736–1819). Джон Партридж. Копия с портрета сэра Уильяма Бичи, 1806 год. Общественное достояние.

Илл. 1.3. Паровая машина Джеймса Уатта. Deutsches Museum, Мюнхен.

Илл. 1.4. Сади Карно. Общественное достояние.

Илл. 1.5. Бенуа Поль Эмиль Клапейрон. Общественное достояние.

Илл. 1.6. Рудольф Клаузиус. Общественное достояние.

Илл. 1.7. Уильям Томпсон (лорд Кельвин). Крис Хеллье / Alamy StockPhoto.

Илл. 1.8. Уильям Ренкин. Общественное достояние.

Илл. 1.9. Надгробие на могиле Людвига Больцмана. Общественное достояние.

Илл. 1.10. Уравнение Больцмана. URL: http://creativecommons.org/licenses/by-sa/3.0/.

Глава 2

Илл. 2.1. Локомотив пересекает сельскую местность. Грег Келтон / Alamy Stock Photo.

Илл. 2.2. Стационарный паровой двигатель производства Брэдли, завод Gooder Lane Ironworks, Брайхаус, 1880-е годы. Музей Stott Park Bobbin Mill. Creative Commons Attribution Share-alike license 2.0.

Илл. 2.3. Джозеф Тёрнер. Галерея Тейт, Лондон. Общественное достояние.

Илл. 2.4. Джозеф Тёрнер. Последний рейс корабля «Отважный», 1838. Национальная галерея, Лондон. Общественное достояние.

Илл. 2.5. Клод Моне. Вокзал Сен-Лазар. Прибытие поезда из Нормандии, 1877. Чикагский институт искусств, коллекция Mr. and Mrs. Martin A. Ryerson, ref. 197 No. 1933.1158. URL: http://www.artic.edu/artworks/16571/arrival-of-the-normandy-train-gare-saint-lazare (дата обращения: 30.10.2023), URL: http://www.artic.edu/image-licensing (дата обращения: 30.10.2023). Общественное достояние.

Илл. 2.6. Поезд спешит по рельсам в фильме братьев Люмьер, 1896. Общественное достояние. США.

Илл. 2.7. Пароход «Новая Англия», 1919. Essex Institute, The Essex Institute Historical Collections, Peabody Essex Museum, 1859–1993 (Salem, MA. Essex Institute Press), vol. 55, p. 128. Общественное достояние.

Илл. 2.8. Южно-Бостонская сталелитейная компания. Гравюра, 1884: PRISMAARCHIVO / Alamy Stock Photo.

Илл. 2.9. Эндрю Мелроуз. На Запад звезда Империи держит путь, 1867. Музей Американского Запада, Лос-Анджелес. Архив Джейн Казно. URL: http://janecazneau.omeka.net/items/show/16 (дата обращения: 30.10.2023). Общественное достояние.

Илл. 2.10. Джон Гаст. Американский прогресс, 1872. Музей Американского Запада Отри, Лос-Анджелес. Общественное достояние.

Илл. 2.11. Джон Кейн. Долина реки Монгахелы, Пенсильвания, 1931. Художественный музей Metropolitan, Нью-Йорк, Art Resource, NY.

Илл. 2.12. Путейщицы железнодорожной компании Балтимора и Огайо, 1943. National Archives, Research.archives.gov/description/522888. Общественное достояние.

Илл. 2.13. Афроамериканские работники железных дорог. Автор фото Сисеро С. Симмонс. Предоставлено Библиотекой Калифорнийского железнодорожного музея в Сакраменто, из коллекции Теодора Корнвайбеля.

Илл. 2.14. Женщина-инженер. Железная дорога Ллангоглена, Уэльс: 2ebill / Alamy Stock Photo.

Илл. 2.15. «Ваши мобильные ожидания: проект BMW H2R». Олафур Элиассон. 2007. © Olafur Eliasson. Используется с разрешения Олафура Элиассона.

Глава 3

Илл. 3.1. Уильям Вордсворт. IanDagnall Computing / Alamy StockPhoto.
Илл. 3.2. Локомотив «Уильям Вордсворт». URL: https://davidheyscollection.myshopblocks.com/pages/david-heys-steam-diesel-photo-collection-40-br-diesels-1980s-1 (дата обращения: 30.10.2023). © Rod Blencowe (r.blencowe@ntlworld.com); используется с разрешения.

Илл. 3.3. Чарльз Диккенс. Портрет работы Уильяма Пауэлла Фрита, 1859. © Victoria and Albert Museum, Лондон.

Илл. 3.4. Натаниэль Готорн. Портрет работы Чарльза Осгуда, 1840. Салем, штат Массачусетс, США. 29½ × 24½ дюйма (74,93 × 62,23 см). Музей Пибоди в Эссексе, дар профессора Ричарда Мэннинга, 1933. 121459. Предоставлено Музеем Пибоди в Эссексе. Фото Марка Секстона.

Илл. 3.5. Ральф Уолдо Эмерсон. Общественное достояние.

Илл. 3.6. Генри Дэвид Торо. Дагеротип Бенджамина Д. Максхэма, 1856. Общественное достояние.

Илл. 3.7. Станция Уолден, или Вид на павильон у Уолденского пруда. Неизвестный американский художник, без даты. Предоставлено Библиотекой Concord Free Public Library, из коллекции Уильяма Монро.

Илл. 3.8. Марк Твен. Энциклопедия Британника. URL: https://cdn.britannica.com/83/136283-050-9C9D6ED8/Mark-Twain-1907.jpg (дата обращения: 30.10.2023). Библиотека Конгресса, Вашингтон, отдел фотографий и печати (neg. no. LC-USZ62-5513). Общественное достояние.

Илл. 3.9. Уолт Уитмен. Общественное достояние.

Илл. 3.10. Эмили Дикинсон. IanDagnall Computing / Alamy Stock-Photo.

Илл. 3.11. Энни Диллард. Фото Филлис Роуз. Публикуется с разрешения представителей автора Russell &Volkening.

Глава 4

Илл. 4.1. Джон Грим и Мэри Эвелин Такер. Предоставлено Мэри Эвелин Такер.

Илл. 4.2. Папа Бенедикт XVI. С сайта Президента Польши, документ в свободном доступе.

Глава 5

Илл. 5.1. Парковка у штаб-квартиры Google, надпись «Только для электрокаров» и знак «Для будущих матерей». Фото Кэролин Мёрчант.

Илл. 5.2. Парковка у штаб-квартиры Google, знак «Для будущих матерей». Фото Кэролин Мёрчант.

Илл. 5.3. Штаб-квартира Google. Фото Кэролин Мёрчант.

Илл. 5.4. Визит Кэролин Мёрчант в штаб-квартиру Google. Автор с книгой «Платон в Googleplex». Фото Кэролин Мёрчант.

Илл. 5.5. Сократ спускается с небес в корзине. Гравюра XVI в. Общественное достояние.

Илл. 5.6. Платон и Аристотель на фреске Рафаэля «Афинская школа», Ватикан. Общественное достояние. США.

Илл. 5.7. Гераклит Эфесский. Публикуется с разрешения Philosophical Library, Inc.

Илл. 5.8. Парменид из Элеи. Публикуется с разрешения Philosophical Library, Inc.

Илл. 5.9. Эмпедокл из Акрагаса. Публикуется с разрешения Philosophical Library, Inc.

Илл. 5.10. Демокрит Абдерский. Публикуется с разрешения Philosophical Library, Inc.

Илл. 5.11. Пифагор Самосский. Публикуется с разрешения Philosophical Library, Inc.

Илл. 5.12. Исаак Ньютон. Публикуется с любезного разрешения членов Портсмутского совета (Великобритания, Фарли).

Илл. 5.13. Готфрид Вильгельм Лейбниц. Предоставлено akg-images.

Илл. 5.14. Альберт Эйнштейн. Публикуется с разрешения Philosophical Library, Inc.

Илл. 5.15. Эдвард Лоренц. Добросовестное использование.

Илл. 5.16. Илья Пригожин. Общественное достояние.

Глава 6

Илл. 6.1. Джон Локк. Публикуется с разрешения Philosophical Library, Inc.

Илл. 6.2. Джереми Бентам. Wellcome Collection. URL: https://wellcomecollection.org/works/m8vudzxu (дата обращения: 30.10.2023). Общественное достояние.

Илл. 6.3. Джон Стюарт Милль. Публикуется с разрешения Philosophical Library, Inc.

Илл. 6.4. Альдо Леопольд. Предоставлено Фондом Альдо Леопольда. URL: www.aldoleopold.org (дата обращения 28.08.2023).

Илл. 6.5. Питер Сингер. Фото Аллетты Ваандеринг. Публикуется с разрешения Питера Сингера и Аллетты Ваандеринг.

Илл. 6.6. Стивен М. Гардинер. Публикуется с разрешения Вашингтонского университета.

Илл. 6.7. Протесты в округе Уоррен. Фото Джерома Фриара, 1982. Библиотека Университета Северной Каролины в Чапел-Хилле, коллекция Jerome Friar Photographic Collection and Related Materials (P0090).

Илл. 6.8 Протест против строительства станции очистки сточных вод в Западном Гарлеме, 1990 год. Дэвид Вита; публикуется с разрешения автора.

Илл. 6.9. Роберт Буллард. Предоставлено Робертом Буллардом.

Эпилог

Илл. Э.1. Марк Джейкобсон. Предоставлено Марком Джейкобсоном.

Илл. Э.2. Кристофер Клэк. Из коллекций Cooperative Institute for Research in Environmental Sciences (CIRES), Университет Колорадо, Боулдер, CIRES NOAA. Общественное достояние.

Илл. Э.3. Диаграмма экологической революции. Цит. по: Carolyn Merchant. The Theoretical Structure of Ecological Revolutions // Environmental Review 11, No. 4 (Winter 1987): 268.

Библиография

Аристофан 1970 — Аристофан. Облака / пер. А. Пиотровского. М.: Худож. лит., 1970.

Бейтсон 2000 — Бейтсон Г. Экология разума. Избранные статьи по антропологии, психиатрии и эпистемологии / пер. с англ. М. Папуша, Д. Федотова. М.: Смысл, 2000.

Глик 2020 — Глик Дж. Хаос. создание новой науки / пер. с англ. Е. Барашковой, М. Нахмансона. М.: АСТ, Corpus, 2020.

Готорн 2015 — Готорн Н. Дом о семи фронтонах / пер. с англ. Г. Шмакова. М.: Азбука, 2015.

Даймонд 2010 — Даймонд Дж. Ружья, микробы и сталь / пер. с английского М. Колопотина. М.: АСТ, 2010.

Дао дэ цзин / Семененко: Лаоцзы. Обрести себя в Дао / сост., авт. предисл., перевод, коммент. И. Семененко. М.: Республика, 2000.

Дикинсон 2007 — Дикинсон Эмили. Стихотворения. Письма / пер. А. Гаврилова. М.: Наука, 2007.

Диккенс 1959 — Диккенс Чарльз. Домби и сын // Собрание сочинений: в 30 т. / под общ. ред. А. Аникста, В. Ивашевой, Е. Ланна. М.: ГИХЛ, 1959. Т. 13.

Диккенс 1960 — Диккенс Чарльз. Тяжелые времена // Собрание сочинений: в 30 т. / под общ. ред. А. Аникста, В. Ивашевой, Е. Ланна. М.: ГИХЛ, 1960. Т. 19.

Карно 1923 — Карно С. Классики естествознания. Кн. 7: Размышления о движущей силе огня и о машинах, способных развивать эту силу. М.; Пг.: ГИ, 1923.

Кельвин 1934 — Второе начало термодинамики. Сади Карно, В. Томпсон, Р. Клаузиус, Д. Больцман, М. Смолуховский / под ред. и с предисл. А. Тимирязева. — М.; Л.: Гостехиздат, 1934.

Леопольд 1983 — Леопольд А. Календарь песчаного графства / пер. И. Гуровой. М.: Мир, 1983.

Пригожин, Стенгерс 1986 — Пригожин И., Стенгерс И. Порядок из хаоса: Новый диалог человека с природой / пер. с англ. Ю. Данилова;

общ. ред. и послесл. В. Аршинова, Ю. Климонтовича и Ю. Сачкова. М.: Прогресс, 1986.

Снайдер 2016 — Снайдер Г. Брусчатка. Стихи Холодной Горы / пер. с англ. А. Щетникова. Новосибирск: Артель «Напрасный труд», 2016.

Твен 1980 — Твен М. Налегке // Собрание сочинений: в 8 т. М.: Правда, 1980. Т. 2.

Уитмен 1970 — Уитмен У. Избранные произведения. М.: Худож. лит., 1970.

Фрост 2000 — Фрост Р. Неизбранная дорога. СПб.: Кристалл, 2000.

Хоркхаймер 2011 — Хоркхаймер М. Затмение разума. К критике инструментального разума / пер. с англ. А. Юдина. М.: Канон+, 2011.

Aberra 2017 — Aberra N. The Religious Case for Caring about Climate Change. Vox, April 19, 2017. URL: http://www.vox.com/conversations/2017/4/19/15271166/climate-change-religious-arguments (дата обращения: 30.10.2023).

Abraham 2016 — Abraham J. Caring for Creation Makes the Christian Case for Climate Action. Guardian, October 10, 2016. URL: http://www.theguardian.com/environment/climate-consensus-97-per-cent/2016/oct/10/caring-for-creation-makes-the-christian-case-for-climate-action (дата обращения: 30.10.2023).

Alexander 2018 — Alexander K. Greenhouse-Gas Emissions Soar, Stalling Global Warming Battle // San Francisco Chronicle, December 6, 2018, 1, 10.

Allison 2007 — Allison E. Religious Organizations Taking Action on Climate Change. Garrison, NY: Garrison Institute, 2007.

Allison 2015 — The Spiritual Significance of Glaciers in an Age of Climate Change // Wiley Interdisciplinary Reviews: Climate Change 6, No. 5 (2015): 493–508.

Angus 2008 — Angus I. Confronting the Climate Change Crisis: An Ecosocialist Perspective. URL: https://www.readingfromtheleft.com/PDF/ConfrontingTheClimateChangeCrisis2.pdf (дата обращения: 30.10.2023).

Angus 2015 — Does Anthropocene Science Blame All Humanity? URL: http://climateandcapitalism.com/2015/05/31/does-anthropocene-science-blame-all-humanity/ (дата обращения: 30.10.2023).

Angus 2016 — Facing the Anthropocene: Capitalism and the Crisis of the Earth System // New York: Monthly Review, 2016.

—, ed. The Global Fight for Climate Justice: Anticapitalist Responses to Global Warming and Environmental Destruction. London: Resistance Books, 2009, 2011.

Baumgarten 1990 — Baumgarten M. Railway/Reading/Time: "Dombey & Son" and the Industrial World // Dickens Studies Annual 19 (1990): 65–89.

Bennett 2010 — Bennett J. Vibrant Matter: Political Ecology of Things. Durham: Duke University Press, 2010.

Bentley 2017 — Bentley C. Muslim Environmentalists Give Their Religion — and Their Mosques — a Fresh Coat of Green // The World, January 4, 2017. URL: https://theworld.org/stories/2016-12-30/muslim-environmentalists-give-their-religion-and-their-mosques-fresh-coat-green (дата обращения: 30.10.2023).

Berman 1981 — Berman M. The Reenchantment of the World. Ithaca: Cornell University Press, 1981.

Bohm 2002 — Bohm D. Wholeness and the Implicate Order. Abingdon, UK: Taylor & Francis, 2002.

Bonneuil, Fressoz 2015 — Bonneuil C., Fressoz J.-B. The Shock of the Anthropocene. London: Verso, 2015.

Bookchin 1982 — Bookchin M. Ecology of Freedom: The Emergence and Dissolution of Hierarchy. Palo Alto: Cheshire Books, 1982.

Botkin 1990 — Botkin D. Discordant Harmonies: A New Ecology for the Twenty-First Century. New York: Oxford University Press, 1990.

Braidotti 1994 — Braidotti R. et al. Women, the Environment, and Sustainability: Towards a Theoretical Synthesis. Atlantic Highlands, NJ: Zed Books, 1994.

Briggs, Peat 1986 — Briggs J., Peat D. Looking Glass Universe: The Emerging Science of Wholeness. New York: Simon & Shuster, 1986.

Brundtland 1987 — Brundtland G. H. Our Common Future // World Commission on Environment and Development. New York: Oxford University Press, 1987.

Bullard 1993 — Bullard R. D., ed. Confronting Environmental Racism. Cambridge: South End Press, 1993.

Callicott, Ames 1989 — Callicott J. B., Ames R. T. Nature in Asian Traditions of Thought. Albany: State University of New York Press, 1989.

Cape Farewell Project 2005 — Cape Farewell Project. The Art of Climate Change. URL: https://www.capefarewell.com/art-climate-change/ (дата обращения: 30.10.2023).

Capra 1991 — Capra F. The Tao of Physics: An Exploration of the Parallels between Modern Physics and Ancient Mysticism. Boston: Shambhala, 1991.

Carnot 1824 — Réflexions sur la puissance motrice du feu et sur les machines propres à développer cette puissance. Paris: Bachelier, 1824.

Chakrabarty 2009 — Chakrabarty D. The Climate of History: Four Theses // Critical Inquiry 35, No. 2 (2009): 197–222.

Clack 2017 — Clack C. T. M. et al. Evaluation of a Proposal for Reliable Low-Cost Grid Power with 100% Wind, Water, and Solar // Proceedings of the National Academy of Sciences 114, No. 26 (June 27, 2017): 6722–6727.

Clapeyron 1834 — Clapeyron E. Mémoire sur la puissance motrice de la chaleur // Journal de l'École Royale Polytechnique 14 (1834): 153–190.

Clapeyron 1960 — Memoir on the Motive Power of Heat // Reflections on the Motive Power of Fire by Sadi Carnot and Other Papers on the Second Law of Thermodynamics by E. Clapeyron and R. Clausius / ed. by E. Mendoza. New York: Dover, 1960.

Clausius 1850 — Clausius R. Über die bewegende Kraft der Wärme und die Gesetze, welche sich daraus für die Wärmelehre selbst ableiten lassen // Annalen der Physik und Chemie, ser. 3, vol. 79 (1850): 368–397, 500–524.

Clausius 1856 — On a Modified Form of the Second Fundamental Theorem in the Mechanical Theory of Heat // Philosophical Magazine, ser. 4, vol. 12, No. 77 (1856): 81–98.

Clausius 1867 — The Mechanical Theory of Heat: With Its Applications to the Steam Engine… London: John Van Voorst, 1867.

Cobb 1988 — J. B. Cobb Jr. Ecology, Science, and Religion: Toward a Postmodern Worldview // The Reenchantment of Science: Postmodern Proposals / ed. by D. R. Griffin. Albany: State University of New York Press, 1988.

Cobb, Griffin 1976 — J. B. Cobb Jr. and D. R. Griffin. Process Theology. Philadelphia: Westminster Press, 1976.

Cox 2000 — Cox G. Alien Species in North America and Hawaii: Impacts on Natural Ecosystems // Ecology 81, No. 6 (June 1, 2000): 1756–1757.

Cronon 1992 — Cronon W. Telling Tales on Canvas: Landscapes of Frontier Change // Prown J. et al. Discovered Lands, Invented Pasts. New Haven: Yale University Press, 1992.

Crosby 1973 — Crosby A. The Columbian Exchange: Biological and Cultural Consequences of 1492. Westport, CT: Greenwood, 1973.

Crutzen 2002 — Crutzen P. J. Geology of Mankind // Nature 415, No. 23 (January 3, 2002): 23.

Crutzen, Lax, Reinhardt 2012 — Crutzen P. J., Lax G., Reinhardt C. Paul Crutzen on the Ozone Hole, Nitrogen Oxides, and the Nobel Prize. URL: https://onlinelibrary.wiley.com/doi/abs/10.1002/anie.201208700 (дата обращения: 30.10.2023).

Crutzen et al. 2007 — N_2O Release from Ago-Biofuel Production Negates Global Warming Reduction by Replacing Fossil Fuels // Atmos-Chem-Phys, Discuss. 7 (August 1, 2007): 11191–11205.

Crutzen, Stoermer 2000 — The Anthropocene // IGPB (International Geosphere-Biosphere Programme) Newsletter 41 (2000): 17.

Curnutt 2000 — Curnutt J. L. A Guide to the Homogenocene, Review of George Cox / Alien Species in North America and Hawaii: Impacts on Natural Ecosystems // Ecology 81, No. 6 (June 1, 2000): 1756–1757.

Dalakov 2023 — Dalakov G. et al. The Stepped Reckoner of Gottfried Leibniz. URL: http://history-computer.com/MechanicalCalculators/Pioneers/Lebniz.html (дата обращения: 30.10.2023).

Davis 2008 — Davis M. Living on the Ice Shelf: Humanity's Meltdown, June 26, 2008. URL: https://tomdispatch.com/mike-davis-welcome-to-the-next-epoch/ (дата обращения: 30.10.2023).

Deane-Drummond, Bergmann, Vogt 2017 — Deane-Drummond C., Bergmann S., Vogt M., eds. Religion in the Anthropocene. Eugene, OR: Cascade Books, 2017.

Demos 2015 — Demos T. J. Anthropocene, Capitalocene, Gynocene: The Many Names of Resistance, June 12, 2015. URL: https://www.fotomuseum.ch/de/2015/06/12/anthropocene-capitalocene-gynocene-the-many-names-of-resistance/ (дата обращения: 30.10.2023).

Devall, Sessions 1985 — Devall B., Sessions G. Deep Ecology. Salt Lake City: G. M. Smith, 1985.

Dillard 1974 — Dillard, Annie. Pilgrim at Tinker Creek. Cutchogue, NY: Buccaneer Books,1974.

Eliasson 2006 — Eliasson O. Your Mobile Expectations: BMW H2R Project. Exhibition booklet. Berlin: Studio Olafur Eliasson, 2007.

Ellis et al. 2018 — Ellis E. C., Fuller D. Q., Kaplan J. O., Lutters W. G. Dating the Anthropocene: Towards an Empirical Global History of Human Transformation of the Terrestrial Biosphere // Elementa: Science of the Anthropocene 1, No. 18 (December 4, 2018): 1–6.

Elvin 2006 — Elvin M. The Retreat of the Elephants: An Environmental History of China. New Haven: Yale University Press, 2006.

Emerson 1844 — Emerson R. W. The Young American; read before the Mercantile Library Association, Boston, February 7, 1844. URL: https://emersoncentral.com/texts/nature-addresses-lectures/lectures/the-young-american/ (дата обращения: 30.10.2023).

Enzler 2018 — Enzler S. M. History of the Greenhouse Effect and Global Warming. URL: https://www.lenntech.com/greenhouse-effect/global-warming-history.htm (дата обращения: 30.10.2023).

Eustachewich 2018 — Eustachewich, Lia. New York Post, October 8, 2018. URL: http://www.foxnews.com/science (дата обращения 28.08.2023).

Faiola 2017 — Faiola A. Pope Francis Presents Trump with a 'Politically Loaded' Gift: His Encyclical on Climate Change // Washington Post, May 24, 2017.

Fimrite 2018 — Fimrite P. Dire New Forecast on Global Warming // San Francisco Chronicle, November 24, 2018, 1, 10.

Fox 1971 — Fox R. The Caloric Theory of Gases from Lavoisier to Regnault. Oxford: Clarendon, 1971.

François 2017 — François A.-L. Ungiving Time: Reading Lyric by the Light of the Anthropocene // Anthropocene: Literary History in Geologic Times / ed. by T. Menely and J. O. Taylor. University Park: Pennsylvania State University Press, 2017.

Gardiner 2006 — Gardiner S. A Perfect Moral Storm: Climate Change, Intergenerational Ethics and the Problem of Moral Corruption // Environmental Values 15 (August 2006): 397–413.

Ghosh 1986 — Ghosh A. The Circle of Reason. New York: Houghton Mifflin Mariner Books, 1986.

Ghosh 2016 — The Great Derangement: Climate Change and the Unthinkable. Chicago: University of Chicago Press, 2016.

Global Climate Report 2018 — Global Climate Report, April 2018. URL: https://www.ncei.noaa.gov/access/monitoring/monthly-report/global/201804 (дата обращения: 30.10.2023).

Goldstein 2014 — Goldstein R. N. Plato at the Googleplex: Why Philosophy Won't Go Away. New York: Pantheon, 2014.

Goodman 2016 — Goodman A. Native American Activist Winona La Duke at Standing Rock: It's Time to Move on from Fossil Fuels // Democracy Now, September 12, 2016. URL: https://www.democracynow.org/2016/9/12/native_american_activist_winona_laduke_at (дата обращения: 30.10.2023).

Griffin 2015 — Unprecedented: Can Civilization Survive the CO2 Crisis? Atlanta: Clarity, 2015.

Grim, Tucker 2014 — Grim J., Tucker M. E. Ecology and Religion. Washington, DC: Island, 2014.

Grooten, Almond 2018 — Grooten M., Almond R. E. A., eds. Living Planet Report. Gland, Switzerland: World Wildlife Fund, 2018.

Grusin 2017 — Grusin R., ed. Anthropocene Feminism // Center for 21st Century Studies. Minneapolis: University of Minnesota Press, 2017.

Gulliford 2016 — Gulliford A. Love Stories from Tres Piedras // September 7, 2016. URL: http://www.aldoleopold.org/post/love-stories-tres-piedras/ (дата обращения: 30.10.2023).

Hanania et al. 2019 — Hanania J., Stenhouse K., Donev J. Discovery of the Greenhouse Effect, 2019. URL: https://energyeducation.ca/encyclopedia/Discovery_of_the_greenhouse_effect (дата обращения: 30.10.2023).

Hanna 2007 — Hanna J. Native Communities and Climate Change: Protecting Tribal Resources as Part of National Climate Policy // Natural Resources Law, Boulder, CO, 2007. URL: https://scholar.law.colorado.edu/books_reports_studies/50/ (дата обращения: 30.10.2023).

Haraway 2015 — Haraway D. Anthropocene, Capitalocene, Plantationocene, and Chthulucene: Making Kin // Environmental Humanities 6 (2015): 159–165.

Haraway 2016 — Staying with the Trouble: Making Kin in the Chthulucene. Durham: Duke University Press, 2016.

Hawthorne 1843 — Hawthorne N. The Celestial Railroad. 1843. URL: http://www.online-literature.com/hawthorne/127/ (дата обращения: 30.10.2023).

Hecht 2018 — Hecht G. The African Anthropocene // Aeon, 2018. URL: http://aeon.co/essays/if-we-talk-about-hurting-our-planet-who-exactly-is-the-we (дата обращения: 30.10.2023).

Hiebert 1962 — Hiebert E. Historical Roots of the Principle of the Conservation of Energy. Madison: Wisconsin State Historical Society, 1962.

Howarth, A. The Ten Turner Paintings Every Man Needs to See // GQ Magazine, October 31, 2015. URL: http://www.gq-magazine.co.uk/article/turner-paintings-top-ten-timothy-spall (дата обращения: 30.10.2023).

Jackman 1962 — Jackman W. T. The Development of Transportation in Modern England. 2 vols. Cambridge: Cambridge University Press, 1962.

Jacobson 2015 et al. — Jacobson M. Z., Delucchi M. A., Cameron M. A., and Frew B. A. Low-Cost Solution to the Grid Reliability Problem with 100 % Penetration of Intermittent Wind, Water, and Solar for All Purposes // Proceedings of the National Academy of Sciences 112, No. 49 (December 8, 2015): 15060–15065.

Jantsch 1980 — Jantsch E. The Self-Organizing Universe: Scientific and Human Implications of the Emerging Paradigm of Evolution. New York: Pergamon, 1980.

Jenkins 2018 — Jenkins M. Carbon Capture // Nature Conservancy Magazine, Fall 2018.

Joule 1845 — Joule J. P. On Changes of Temperature Produced by the Rarefaction and Condensation of Air // Philosophical Magazine, ser. 3, vol. 26, No. 174 (May 1845): 369–383.

Keaten 2007 — Keaten J. Melting Ice Opens Route through Arctic // San Francisco Chronicle, September 16, 2007, A2.

Kendall-Miller 2007 — Kendall-Miller H. Native American Rights Fund News, June 10, 2007. URL: http://narfnews.blogspot.com/2007_06_01_archive.html (в настоящее время ресурс недоступен).

Kingsolver 2012 — Kingsolver B. Flight Behavior. New York: HarperCollins, 2012.

Klein 2014 — Klein N. This Changes Everything: Capitalism vs. the Climate. New York: Simon & Schuster, 2014.

Kuhn 1957 — Kuhn T. The Copernican Revolution: Planetary Astronomy in the Development of Western Thought. Cambridge, MA: Harvard University Press, 1957.

Kuhn 1962 — The Structure of Scientific Revolutions. Chicago: University of Chicago Press, 1962.

Leiserowitz 2007 — Leiserowitz A. American Opinions on Global Warming // School of Forestry and Environmental Studies, Yale University, 2007. URL: http://environment.yale.edu/news/5305-american-opinions-on-global-warming/ (в настоящее время ресурс недоступен).

Lo 2017 — Lo E. How Fast Will Jet Fuel Consumption Rise? 2017. URL: https://repository.upenn.edu/entities/publication/7e38d01e-8f20–478f-9dd5–71c79f54b9b7 (дата обращения: 30.10.2023).

Lomborg 2007 — Lomborg B. Cool It: The Skeptical Environmentalist's Guide to Global Warming. New York: Knopf, 2007.

Lovelock 1979 — Lovelock J. Gaia: A New Look at Life on Earth. New York: Oxford University Press, 1979.

Mach 1986 — Mach E. Principles of the Theory of Heat. Trans. by T. J. McCormack. Dordrecht: Reidel, 1986.

Macilenti 2018 — Macilenti A. Characterising the Anthropocene: Ecological Degradation in Italian Twenty-First Century Literary Writing. Berlin: Peter Lang, 2018.

Macintyre 2007 — Macintyre J. Pope to Make Climate Action a Moral Obligation // Independent Online, September 22, 2007. URL: https://www.independent.co.uk/climate-change/news/pope-to-make-climate-action-a-moral-obligation-403120.html (дата обращения: 30.10.2023).

Magie 1963 — Magie W. F., ed. A Source Book in Physics. Cambridge, MA: Harvard University Press, 1963.

Major 2018 — Major A. Welcome to the Anthropocene. Edmonton: University of Alberta Press, 2018.

Mann 2011 — Mann C. C. 1493: Uncovering the New World Columbus Created. New York: Knopf, 2011.

Martyris 2015 — Martyris N. Barbara Kingsolver, Barack Obama, and the Monarch Butterfly // New Yorker, April 10, 2015.

Marx 1967 — Marx L. The Machine in the Garden: Technology and the Pastoral Ideal in America. New York: Oxford University Press, 1967.

Maslin 2004 — Maslin M. Global Warming: A Very Short Introduction. New York: Oxford University Press, 2004.

Maxwell 1871 — Maxwell J. C. Theory of Heat. New York: Dover, 1871.

McDaniel 1983 — McDaniel J. Physical Matter as Creative and Sentient // Environmental Ethics 5, No. 4 (Winter 1983): 291–317.

McDaniel 1986 — Christian Spirituality as Openness to Fellow Creatures // Environmental Ethics 8, No. 4 (Spring 1986): 33–46.

McDaniel 1989 — Of God and Pelicans: A Theology of Reverence for Life. Louisville, KY: Westminster John Knox, 1989.

McKibben 2007 — Can Anyone Stop It? // New York Review of Books, October 11, 2007.

McNeill, Engelke 2014 — McNeill J. R., Engelke P. The Great Acceleration: An Environmental History of the Anthropocene since 1945. Cambridge, MA: Harvard University Press, 2014.

McPhee 2005 — McPhee J. Coal Train — A Reporter at Large, part 1 // New Yorker, October 3, 2005; part 2, October 10, 2005.

Mentz 2013 — Mentz S. Anthropocene v. Homogenocene. January 25, 2013. URL: http://stevementz.com/anthropocene-v-homogenocene/ (дата обращения: 30.10.2023).

Merchant 1986 — Merchant C. Restoration and Reunion with Nature // Restoration and Management Notes 4 (Winter 1986): 68–70.

Merchant 1996 — Earthcare: Women and the Environment. New York: Routledge, 1996.

Merchant 1998 — Partnership with Nature // Eco-Revelatory Design: Nature Constructed / Nature Revealed // Landscape Journal, Special issue (1998): 69–71.

Merchant 2000 — Partnership Ethics: Business and the Environment // Environmental Challenges to Business / ed. by P. Werhane. 1997 Ruffin Lectures, University of Virginia Darden School of Business. Bowling Green, OH: Society for Business Ethics, 2000.

Merchant 2005 — Radical Ecology: The Search for a Livable World. 2nd ed. New York: Routledge, 2005.

Merchant 2010 — Ecological Revolutions: Nature, Gender and Science in New England. 2nd ed. Chapel Hill: University of North Carolina Press, 2010.

Merchant 2012 — ed. Major Problems in American Environmental History: Documents and Essays. 3rd ed. Boston: Wadsworth Cengage, 2012.

Merchant 2013 — Reinventing Eden. 2nd ed. New York: Routledge, 2013.

Merchant 2016 — Autonomous Nature: Problems of Prediction and Control from Ancient Times to the Scientific Revolution. New York: Routledge, 2016.

Merchant 2020 — The Death of Nature: Women, Ecology, and the Scientific Revolution. 3rd ed. San Francisco: Harper Collins, 2020.

Miller, Croft 2018 — Miller B., Croft J. 'Life-or-Death' Warning: Major Study Says World Has Just 11 Years to Avoid Climate Change Catastrophe // CNN, October 8, 2018. URL: https://hanfordsentinel.com/news/national/life-or-death-warning-major-study-says-world-has-just-11-years-to-avoid-climate/collection_473fcd53-0435-5ea0-b3e1-799b29f84304.html#1 (дата обращения: 28.08.2023).

Moore 2015 — Moore J. Capitalism in the Web of Life: Ecology and the Accumulation of Capital. London: Verso, 2015.

Moore 2016 —, ed. Anthropocene or Capitalocene? Nature, History, and the Crisis of Capitalism. Oakland, CA: PM Press, Kairos Books, 2016.

Moore 2017 — The Capitalocene: On the Nature and Origins of Our Ecological Crisis, pt. 1; The Capitalocene: Abstract Social Nature and the Limits to Capital // Journal of Peasant Studies 44, No. 3 (2017): 594–630.

Morrison 2007 — Morrison A. Envisioning Change: Combating Climate Change with Art // PFSK, July 26, 2007. URL: http://www.psfk.com/2007/07/envisioning-change-combating-climate-change-with-art.html (дата обращения: 30.10.2023).

Mullan 2011 — Mullan J. My Favorite Dickens: "Dombey and Son" // Guardian, September 23, 2011. URL: https://www.theguardian.com/books/2011/sep/23/charles-dickens-favourite-dombey-son (дата обращения: 30.10.2023).

Naess 1973 — Naess A. The Shallow and the Deep, Long-Range Ecology Movement // Inquiry 16 (1973): 95–100.

Nahm 1947 — Nahm M. C., ed. Selections from Early Greek Philosophy. 3rd ed. New York: Appleton-Century-Crofts, 1947.

Needham 1956 — Needham J. Science and Civilization in China. Cambridge: Cambridge University Press, 1956.

Newburgh 2009 — Newburgh R. Carnot to Clausius: Caloric to Entropy // European Journal of Physics 30 (2009): 713–728.

Nordhaus, Shellenberger 2007 — Nordhaus T., Shellenberger M. Break Through: From the Death of Environmentalism to the Politics of Possibility. Boston: Houghton Mifflin, 2007.

Paavola, Adger 2006 — Paavola J., Adger W. N. Fairness in Adaptation to Climate Change. Cambridge, MA: MIT Press, 2006.

Parker 2006 — Parker A. et al. Climate Change and Pacific Rim Indigenous Nations. Northwest Indian Applied Research Institute. Olympia, WA: Evergreen State College, October 2006. URL: https://www.terrain.org/articles/30/Climate_Change_Pacific_Rim_Indigenous_Nations_2006.pdf (дата обращения: 30.10.2023).

Patel 2017 — Patel P. Airplanes Flying on Biofuels Emit Fewer Climate-Warming Particles // Anthropocenemagazine.org, March 16, 2017. URL: http://www.anthropocenemagazine.org/2017/03/airplanes-flying-on-biojetfuel-emit-fewer-climate-warming-particles/ (дата обращения: 30.10.2023).

Pereira Savi 2017 — Pereira Savi M. The Anthropocene (and) (in) the Humanities // Revista Estudos Feministas 25, No. 2 (May – August 2017).

Pope Francis 2015 — Pope Francis. Laudato Si: On Care for Our Common Home. May 24, 2015. URL: https://www.vatican.va/content/francesco/en/encyclicals/documents/papa-francesco_20150524_enciclica-laudato-si.html (дата обращения: 30.10.2023).

Prigogine 1977 — Prigogine, I. Time, Structure, and Fluctuations // Nobel lecture, December 8, 1977. URL: https://www.nobelprize.org/prizes/chemistry/1977/prigogine/lecture/ (дата обращения: 30.10.2023).

Raftery 2017 — Raftery A. E. et al. Less Than 2 °C Warming by 2100 Unlikely // Nature Climate Change 7 (September 2017): 637–641.

Rayner, Malone 1998 — Rayner S., Malone E. L., eds. The Societal Framework (Human Choice and Climate Change). Vol. 1. Columbus: Batell, 1998.

Ritvo 2003 — Ritvo H. Fighting for Thirlmere: The Roots of Environmentalism // Science 300 (June 6, 2003): 1510–1511.

Ruddiman 2003 — Ruddiman W. F. The Anthropogenic Greenhouse Era Began Thousands of Years Ago // Climatic Change 61, No. 3 (2003): 261–293.

Ruddiman 2005a — Debate over the Early Anthropogenic Hypothesis // Real Climate, December 2005.

Ruddiman 2005b — How Did Humans First Alter Global Climate? // Scientific American, March 2005.

Ruddiman 2013 — Earth Transformed. New York: W. H. Freeman, 2013.

Ruether 2005 — Ruether R. R. Integrating Ecofeminism, Globalization and World Religions. Lanham, MD: Roman & Littlefield, 2005.

Russell 1989 — Russell D. Environmental Racism: Minority Communities and Their Battle against Toxics // Amicus Journal 11, No. 2 (Spring 1989): 22–32.

Said 2018 — Said C. Uber Is on the Road to Becoming the Amazon of Transportation // San Francisco Chronicle, September 7, 2018, C-1, C-3.

Samways 1999 — Samways M. Translocating Fauna to Foreign Lands: Here Comes the Homogenocene // Journal of Insect Conservation 3 (1999): 65–66.

Schwartz 2017 — Schwartz, Robert. Mt. Holyoke College, "The Industrial Revolution and the Railroad System," "Opposing Voices." URL: http://www.mtholyoke.edu/courses/rschwart/ind_rev/voices/wordsworth.html (в настоящее время ресурс недоступен).

Shedd 1899 — Shedd J. C. A Mechanical Model of the Carnot Engine // Physical Review 8, No. 3 (January 1899): 174–180.

Shepard 2015 — Shepard J. Can't We Just Remove Carbon Dioxide from the Air to Fix Climate Change? Not Yet. August 3, 2015. URL: http://theconversation.com/cant-we-just-remove-carbon-dioxide-from-the-air-to-fix-climate-change-not-yet-45621 (дата обращения: 30.10.2023).

Singer 2006 — Singer P. Ethics and Climate Change: Commentary // Environmental Values 15, No. 3 (2006): 415–422.

Smith, Wise 1989 — Smith C., Wise N. Energy and Empire: A Biographical Study of Lord Kelvin. New York: Cambridge University Press, 1989.

Solnick 2016 — Solnick S. Poetry and the Anthropocene: Ecology, Biology, and Technology in Contemporary British and Irish Poetry. New York: Routledge, 2016.

Sörlin 2014 — Sörlin S. Environmental Turn in the Human Sciences; The Anthropocene: What Is It? // The Institute Letter (Institute for Advanced Study, Princeton, NJ) (Summer 2014): 1, 12–13.

Spangenberg 2014 — Spangenberg J. China in the Anthropocene: Culprit, Victim or Last Best Hope for a Global Ecological Civilization? // Bio Risk 9 (2014): 1–37.

Steffen 2004 — Steffen W. et al. Global Change and the Earth System: A Planet under Pressure. New York: Springer, 2004.

Steffen, Crutzen, McNeill 2007 — Steffen W., Crutzen P., McNeill J. The Anthropocene: Are Humans Now Overwhelming the Great Forces of Nature? // Ambio 6, No. 8 (December 2007): 614–671.

Stevens, Tait, Varney 2018 — Stevens L., Tait P., Varney D., eds. Feminist Ecologies: Changing Environments in the Anthropocene. London: Palgrave MacMillan, 2018.

Stewart 1990 — Stewart J. Home May Rise on Incinerator Site // Los Angeles Times, May 30, 1990.

Taylor 2005 — Taylor B., ed. Encyclopedia of Religion and Nature. New York: Bloomsbury, 2005.

Thomas 2016 — Thomas I. The Chase // London Review of Books, October 20, 2016, 15–18. URL: https://www.lrb.co.uk/the-paper/v38/n20/inigo-thomas/the-chase (дата обращения: 30.10.2023).

Thomson 1852 — On the Universal Tendency in Nature to the Dissipation of Mechanical Energy // Proceedings of the Royal Society of Edinburgh 4 (April 19, 1852): 304–306.

Thomson 1882 — Mathematical and Physical Papers. Cambridge: Cambridge University Press, 1882.

Thorne 2015 — Thorne T. The Singularity Is Coming: The Artificial Intelligence Explosion. N.p.: CreateSpace, 2015.

Tory 2017 — Tory S. Religious Communities Are Taking on Climate Change // High Country News, September 18, 2017. URL: http://www.hcn.org/issues/49.16/activism-why-religious-communities-are-taking-on-climate-change (дата обращения: 30.10.2023).

Totman 2014 — Totman C. Japan: An Environmental History. London: I. B. Tauris, 2014.

Trexler 2015 — Trexler A. Anthropocene Fictions: The Novel in a Time of Climate Change. Charlottesville: University of Virginia Press, 2015.

Tucker 2014 — Tucker M. E. The Emerging Alliance of Religion and Ecology. Salt Lake City, UT: University of Utah Press, 2014.

Tucker, Grim 1997–2004 — Tucker M. E., Grim J., eds. Religions of the World and Ecology. 9 vols. Cambridge, MA: Harvard University Press, 1997–2004.

Union of Concerned Scientists 2006 — Union of Concerned Scientists. Capping Global Warming Emissions // California Climate Choices, a Fact Sheet, 2006. URL: http://www.law.stanford.edu/program/centers/enrlp/pdf/AB-32-fact-sheet.pdf (в настоящее время ресурс недоступен).

United States Global Change Research Program 2005 — United States Global Change Research Program. United States National Assessment of the Potential Consequences of Climate Variability and Change Region: Native Peoples/Native Homelands, May 25, 2005. URL: http://www.usgcrp.gov/usgcrp/nacc/npnh-sw.htm (в настоящее время ресурс недоступен).

Viveiros de Castro 2004 — Viveiros de Castro E. Exchanging Perspectives // Common Knowledge 10, No. 3 (Fall 2004): 463–484.

Voosen 2012 — Voosen P. Geologists Drive Golden Spike toward Anthropocene's Base // Greenwire, September 17, 2012. URL: https://subscriber.politicopro.com/article/eenews/1059970036 (дата обращения: 30.10.2023).

Waldman 2016 — Waldman A. Anthropocene Blues, 2017. Originally published in "Poem-a-Day" on February 2, 2016, by the Academy of American Poets. URL: https://poets.org/poem/anthropocene-blues (дата обращения: 30.10.2023).

Waldrop 1992 — Waldrop M. M. Complexity: The Emerging Science at the Edge of Order and Chaos. New York: Simon & Schuster, 1992.

Waters 2015 — Waters C. N. et al. Can Nuclear Weapons Fallout Mark the Beginning of the Anthropocene Epoch? // Bulletin of the Atomic Scientists 7, No. 3 (2015): 46–57.

Watts 2017 — Watts, Jonathan. 'For Us the Land Is Sacred:' On the Road with the Defenders of the World's Forests // Guardian, November 4, 2017. URL: http://www.theguardian.com/environment/2017/nov/04/bonn-climate-conference-on-the-road-with-defenders-of-the-forest (дата обращения: 30.10.2023).

Weart 2003 — Weart S. The Discovery of Global Warming. Cambridge, MA: Harvard University Press, 2003.

Wells 2013 — Wells J. Complexity and Sustainability. New York: Routledge, 2013

White 1967 — L. White Jr. The Historical Roots of Our Ecologic Crisis // Science 155, No. 3767 (March 10, 1967): 1203–1207.

Wike 2016 — Wike, Richard . What the world thinks about climate change in 7 charts. April, 18 2016. URL: https://www.pewresearch.org/short-reads/2016/04/18/what-the-world-thinks-about-climate-change-in-7-charts/ (дата обращения 30.10.2023).

Wilcox 2018 — Wilcox S. Resisting the Plantationocene: The Case of Postcolonial and Post-slavery Banana Plantations in the French Caribbean. University of Wisconsin, Madison, February 27, 2018.

Wilson, 1981 — Wilson S. S. Sadi Carnot // Scientific American 245, No. 2 (August 1981): 131–145.

Wordsworth 1994 — Wordsworth, William. The Collected Poems of William Wordsworth. Edited by Antonia Till. Wordsworth Poetry Library. Hertfordshire, UK: Wordsworth Editions, 1994.

Worster 1994 — Worster D. Nature's Economy: A History of Ecological Ideas. New York: Cambridge University Press, 1994.

Worthy, Allison, Bauman 2018 — Worthy K., Allison E., Bauman W. A., eds. After the Death of Nature: Carolyn Merchant and the Future of Human-Nature Relations. New York: Routledge, 2018.

Yaqoob 2016 — Yaqoob M. M. Introduction to Computers, History and Applications. URL: http://slideplayer.com/slide/8887437/ (дата обращения: 30.10.2023).

Yohe 2007 — Yohe G. An Issue of Equity / Book review of "Fairness in Adaptation to Climate Change" by W. N. Adger, J. Paavola, S. Huq, and M. J. Mace // Nature Reports Climate Change 5 (October 2007). URL: https://www.nature.com/articles/climate.2007.51 (дата обращения: 30.10.2023).

Zalasiewicz 2010 — Zalasiewicz J., Williams M., Steffen W, Crutzen P. The New World of the Anthropocene // Environmental Science and Technology, 44 (2010): 2228–2231.

Предметно-именной указатель

авиация 103, 168
Австралия 8, 16, 24, 40, 167
автомобили 63, 80, 101, 102, 106, 126, 150
   электрические 80, 102, 126
   беспилотные 80
Агентство по охране окружающей среды 18
акции за создание парков 83
Аляска, коренные жители 159, 160
Анаксагор 134
Анаксимен 133
Ангус Иан (Иэн) 34, 35
   Борьба с изменением климата: экосоциалистический взгляд 34
   Всемирная битва за климатическую справедливость 34
   Перед лицом антропоцена 34
андроцен 77, 104
Анналы физики/ Annalen der Physik, журнал Поггендорфа 53
Антарктика 11, 40
антропоцен или капиталоцен (Мур) 36
антропоцен 8, *passim*
   пришествие 41–43
   а. и капиталоцен 36–39
   связь с климатической справедливостью 162
   дебаты о значении 27–29
   а. и экологическая этика 145–153
   гуманитарная экология при антропоцене 8–11
   основная дилемма антропоцена 131
   первая концепция а. 8, 14, 15,
   труд при а. 77–79
   а. в незападных странах 40
   философские вопросы а. 131–137
   перспективы а. 163–176
   а. и паровая машина 8, 13, 38, 41, 77, 84, 171
Аристотель 131, 132, 137
Аристофан 128
Арктика 11, 23, 25, 40, 160
Арктика, коренные жители 160
Аррениус Сванте 20, 21
   О воздействии углекислоты в воздухе на температуру Земли 20
Ассоциация изучения литературы и окружающей среды (ASLE) 104

атомизм в философии 135
атомная энергия 168
афроамериканцы 79, 154–157, 159, 161

Баклэнд Дэвид 81, 82
Бартоломью Грег 95, 96
бахаизм 110
бедность 34, 150, 164
Бейтсон Грегори 173
Бенедикт XVI 113, 114
Беннет Джейн 105
Бентам Джереми 146, 147
Берндт Брукс 123
беспилотные машины 80
биоразнообразие 29
биорегионализм 148, 164
биотопливо 103, 166, 168
Блэк Джозеф 42, 43
Блэкстоун, канал 71
бобы 17, 28
Бойль Роберт 109, 138
болота 17
Болтон Мэттью 46
Больцман Людвиг 60, 62
большое ускорение 22
Бом Дэвид 174
Бор Нильс 140
Боткин Дэниел 143
  Гармоничный диссонанс: новая экология XXI века 143
Браун Джерри 25
Браун Джоан 123
Брондмо Ганс Питер 128
Брунтланн Гру Харлем 164
  Наше общее будущее/Доклад Брунтланн 164
Брэдфорд Уильям 74
буддизм 110, 116, 117

Бузид Ахмед 124
Букчин Мюррей 174
Буллард Роберт 156, 157
  Борьба с экологическим расизмом: голоса с самого низа 157
  Помойки Дикси 156
  Черный мегаполис 157
Бэббидж Чарльз 139
Бюллетень ученых-атомщиков, журнал

Вера здесь / Faith in Place 113
Верни Дениз 106
  Феминистская экология: изменение окружающей среды в антропоцене 106
ветряная энергия 44, 108, 165, 167
Вивейруш де Кастру Эдуардо 35, 36
внедорожники 27
внутреннего сгорания, двигатель 63
вода 8, 11, 22, 26, 42, 44, 45, 48, 49, 57, 76, 81, 93, 96, 105, 116, 117, 119, 120, 125, 133–135, 153, 155, 155, 156, 159–162, 166, 168, 170
  культурное и духовное использование 160, 161
  опреснение 81
  загрязнение 8, 76, 120, 153, 161, 162
  водоснабжение 81
водяные мельницы 44
возобновляемая энергия 27, 80, 81, 108, 111, 115, 117, 119, 125, 137, 162, 166–169, 172
  в развивающихся странах 115
  в восточных религиях 117

задачи 27, 167
организованная поддержка 111
Вольтер 42
Вордсворт Уильям 84–87
На строительство железной дороги Кендалл — Уиндермер 87
Паровозы, виадуки и железные дороги 86
Прогулка 85
Вторая Природа 23
вулканы 48, 126, 140
вымирание 11, 17, 18, 41, 148
ускоренные темпы 18, 19
исчезновение видов 19, 148

газ 8, 11, 13, 16–22, 24–28, 34, 38, 39, 42, 43, 49, 51, 60, 63–66, 80, 102, 103, 107, 108, 111, 123, 131, 133, 137, 143, 146, 147, 151, 164, 166, 169
Галилео Галилей 109, 138
Гардинер Стивен 151–153
Идеальный моральный шторм 151
Гаст Джон 74
Американский прогресс 74
Гегель Георг Вильгельм Фридрих 133
Гейзенберг Вернер 140, 141
гелиоцентричная (коперникова) вселенная 61
гендер 11, 23, 30, 37–39, 83, 104–107, 158, 169, 171
Геосфера-биосфера, международная программа (IGBP) 177
геотермальная энергия 166
геоцентричная (птолемеева) вселенная 61

Гераклит Эфесский 133, 134, 137, 139, 144
Германия 14, 53, 122, 167
Гея 174
гидрофторуглероды (ГФУ) 21
гиноцен 29, 30, 105
Глик Джеймс 142, 174
Хаос. Создание новой науки 142
глобализация 32, 33, 103, 148
глобальное потепление 7, 8, 11, 14, 18, 20, 23–26, 37, 38, 63, 64, 81, 83, 101–103, 110, 111, 113, 123, 148, 160, 161, 166, 168, 169, 178; см. изменение климата; эффекты глобального потепления
глобальное управление 153
глубинная экология 173, 174
Гоббс Томас 135, 146
голоцен (межледниковый тёплый период) 16, 17, 92
Гольдштейн Ребекка Ньюбергер 126, 128
Платон в Googleplex 127, 129
гомогеноцен 29
гомоцентричность 145–147, 157
Гор Алберт 26
Неудобная правда 26
горное дело 39
Готорн Натаниель 84, 89, 90, 94
Небесная железная дорога 90, 92
Гош Амитав 101, 102
Великое нарушение: смена климата и немыслимое 101
Круг разума 101
Греко-православная церковь 110
Грим Джон 112
Экология и религия 112

Гриффин Дэвид Рей 120, 121
грунтовые воды 170
гуманитарная экология 8, 84, 108, 117, 163
гуманитарные науки 8–12, 14, 23, 104, 106, 150, 163

Д'Аламбер Жан Лерон 42
Даймонд Джаред 28
  Ружья, микробы и сталь 28
даосизм 116–118
Декарт Рене 109, 135, 138
Демокрит Абдерский 135
Джейкобсон Марк 165–167
Джеймстаун 29
Джексон Кандида Дерек 123
Джоуль Джеймс Прескотт 56, 57, 60
  Об изменениях в температуре при разрежении и конденсации воздуха 57
дзен-буддизм 116, 117
диалектика 39, 93, 94, 133
Дидро Дени 42
дизельный двигатель 63, 101
дикая природа 69, 71, 83, 84, 95, 159
Дикинсон Эмили 96–98
  Поезд 96
Диккенс Чарльз 84, 87–89
  Домби и сын 87
  Тяжелые времена 88
Диллард Энни 84, 99, 100
  Паломник в Тинкер-Крик 99
динозавры 32
дождевые леса 169
Доу Кемикал, химическая компания 155

духовность 26, 108, 110, 113, 115, 120, 122, 123, 125, 160, 161, 164; см. религии
Дэвис Скотт 100

Европейский союз 167
Епископальная церковь 110

железные дороги 65–67, 70, 71, 73, 77–79, 84, 86–88, 90, 92–94, 98–100
женщины 11, 30, 37, 41, 77–79, 104–107, 145, 149, 155, 164, 165, 169, 175
  в развивающихся странах 11, 105
  мужское доминирование 30, 175
  женщины-железнодорожницы 77–79
  женщины и устойчивое жизнеобеспечение 164

Забота о Творении/ Caring for Creation, сетевое объединение 124
загрязнение воздуха 8, 76, 101, 102, 162
загрязнение 8, 23, 65, 76, 101, 102, 106, 108, 120, 123, 153, 161, 162, 169, 171, 175
  воздуха 8, 76, 101, 102, 162
  почвы 120, 162
  воды 8, 76, 161, 162
Закон о решении проблемы глобального потепления (Калифорния) 24, 25
закрытые системы 54, 55, 60, 61, 63, 171

засуха 11, 22, 25
Зеленая Вера/GreenFaith 111, 113
зеленая наука 10
зеленые партии 171
землепользование 155
землетрясения 48, 87, 95, 126, 140

Излечение планеты Земля/ Healing Our Planet Earth, HOPE, международная конференция 111
изменение климата 11–40, 65, 81, 82, 84, 105, 110, 113, 115, 122, 125, 150, 151, 157–163
   в искусстве 64–83
   эффекты глобального потепления; много 7, 8, 11, 24–26, 63, 64, 81, 148, 161
   история 20–23
   гуманитарные науки 23, 24
   понимание изменений 33
   литература 84–107
   влияние на маргинализированные группы 37, 145, 158
   в философии 126–144
   в политике 24–27
   в связи с ростом населения 34
   в общественном мнении 26, 27
   в религии 108–125
   научный консенсус 20
Изображая перемены/ Envisioning Change, выставка Envisioning Change 82
иммиграция 39
Индия 117
   буддизм и индуизм 117
   загрязнение 117
индуизм 116, 117

индустриализация 10, 33, 63, 75, 84, 94, 95, 159
индустриальное сельское хозяйство 29
интегрированное мышление 173
инуиты 160
ископаемое топливо 7, 8, 16, 28, 33, 39, 42, 43, 63, 65, 77, 80, 81, 102, 108, 115–117, 119, 121, 122, 136, 146, 162, 164, 168
   капиталистическая прибыль 39, 146, 165
   исчерпание топлива 16
   политика отказа от 123
   добыча 65, 101, 109, 115, 116, 170
   газ 8, 11, 13, 16–22, 24–28, 34, 38, 39, 42, 43, 49, 51, 60, 63–66, 80, 102, 103, 107, 108, 111, 123, 131, 133, 137, 143, 146, 147, 151, 164, 166, 169
   парниковый эффект формирование 20, 169
   импорт 117
   в резервациях коренных американцев 115, 116
   нефть 8, 25, 39, 65, 100–102, 119, 165
   в паровых машинах 16, 43, 63, 75
   замена 80, 108, 119, 123
   для транспорта 102
   широкое применение 153
искусство 8, 9, 23, 39, 64–83, 101, 102, 163, 170, 172
ислам 122, 125
исчерпание ресурсов 120, 169
иудаизм 122

Калифорния 24, 25, 30, 93, 115, 126
каналы 70, 71
   Великие Озера — Миссисипи 71
   Великие Озера — Огайо 71
Кант Иммануил 42
капитализм 28, 33, 34, 36, 38, 39, 175
капиталоцен 28, 29, 31, 33, 36, 38, 169
Карно Ипполит 46
Карно Лазар 46
Карно Сади 46–51, 53–55, 60
   Размышления о движущей силе огня и о машинах, способных развивать эту силу 47, 48
Кастильо Аврора 154
католицизм 113–115
Кейн Джон 75, 76
   Долина реки Мононгахелы, Пенсильвания 75, 76
Кельвин лорд (Уильям Томпсон) 55–58, 60
   О динамической теории теплоты 55
   О проявляющейся в природе тенденции к рассеянию механической энергии 57
Кендалл-Миллер Хезер 87, 160
Кеплер Иоганн 109, 137
Кингсолвер Барбара 84, 103
   Поведение в полете 103
Киотский протокол 21, 24
кислотный дождь 26, 170
Кистоун, трубопровод 115
Китай 102, 117, 118
Клапейрон Бенуа Поль Эмиль 46, 50–52, 60
   Мемуар о движущей силе огня 50
Клаузиус Рудольф 46, 52–55, 60
   Анналы физики/ Annalen der Physik 53
   О движущей силе теплоты и о законах, которые можно отсюда получить для теории теплоты 53, 54
   О механической теории теплоты в ее применении в паровых машинах 54
   О различных удобных для применения формах второго начала математической теории теплоты 53
Климатическая евангелическая инициатива 111
климатическая справедливость и экологическая справедливость 157–159
Клэк Кристофер 167, 168
Кляйн Наоми 33, 34
   Радикальный путеводитель по антропоцену 33
   Это меняет все: капитализм против климата 33
Кобб Джон 120, 121
козы 17, 28
колониализм 10, 38, 94, 109
компьютеры 131, 138–140, 143, 144
конфуцианство 116–119
Конфуций 91, 117, 118
Коперник Николай 61, 109, 137
коперниковская (гелиоцентрическая) вселенная 61
коралловые рифы 25

коренные американцы 115, 154, 157, 159, 160
коренные народы 30, 31, 35, 112, 116, 122–125, 145, 159, 160, 165, 172
коренные религии 112, 124, 125
коровы 17, 28, 66
корпорации 38, 64, 90, 115, 122, 123, 146, 152
Кронон Уильям 71
Кросби Альфред 28
Колумбов обмен 28
Крутцен Пауль 8, 14–16, 27–29, 31, 41, 168
кукуруза 28
Кэликотт Дж. Бэрд 148

Лавлок Джеймс 174
Лавуазье Антуан 43
Ладюк Вайнона 115, 116
Лао-цзы 118
Дао дэ цзин 118, 119
латентное тепло 42, 43
латиноамериканцы 154, 159, 161
Латинская Америка 40, 114, 122
ледники 11, 16, 25, 83, 116, 144, 160
ледниковый период 28
Лейбниц Готфрид Вильгельм 51, 138, 139, 140
Лейзеровиц Энтони 27
Леопольд Эстелла 84
Леопольд Альдо 84, 147, 148
Календарь песчаного графства 147, 148
Этика природы 147
леса 17, 25, 26, 28, 30, 71, 83–85, 98, 113, 123, 169, 170

уменьшение из-за двуокиси углерода 169
вырубка 28, 71
леса Латинской Америки 123, 169
Литература антропоцена (тема выпуска журнала) 104
Ло Эрин 102
логика 37, 74, 134, 136, 137
Локк Джон 146
Ломборг Бьорн 27
Лондон — Бирмингем, железная дорога 66
Лоренц Эдвард 140, 141
лошади 17, 28, 64, 74, 88
Люмьер Луи 70
Люмьер Огюст 70
Прибытие поезда на вокзал Ла-Сьота 70

МакГёрти Эйлин 154
Преображение охраны природы: округ Уоррен, бифенилы и начало экологической справедливости 154
Макдэниел Джей 121, 122
Философия процесса и глобальная смена климата 122
Маккиббен Билл 23
Конец природы 23
Макнил Джон 28
МакФи Джон 84, 100, 101
Угольный поезд 100
мальтузианство 171
Мане Эдуард 69
Железнодорожная станция в Со 69
Манн Чарльз 29
1493: открытие мира, который создал Колумб 29

Манчестер — Ливерпуль, железная дорога 65
Мардук, месопотамское божество 133
Маркофф Джон 126
Маркс Карл 133
Маркс Лео 92
Машина в саду 92
матанализ 138
математика 13, 37–39, 41, 45, 46, 50, 53, 109, 128, 130, 131, 134, 136–139, 142, 143, 174
материализм 133, 135
Мачиленти Алессандро 106
Характеристики антропоцена: экологическая деградация в итальянской литературе XXI века 106
Межправительственная группа экспертов по вопросам изменения климата (IPCC) 20, 21, 150
Международное общество изучения религии, природы и культуры 113
Межконфессиональная кампания света и энергии 123
Межконфессиональный центр корпоративной ответственности 111
межледниковый период (голоцен) 17
Мейджор Элис 106
Добро пожаловать в антропоцен 106
Мексика 167
Мелроуз Эндрю 71, 73
На Запад звезда Империи держит путь 71, 73

Мендоса Эрик 51, 52
метан (CH_4) 16, 20
механизм 37, 38, 43, 120, 128, 130, 143
механика 52, 60, 109, 138
миграции видов 11, 148
Мидлсекский канал 71
Мидлтаунская шерстопрядильная мануфактура 70
милетская школа философии 133
Милль Джон Стюарт 146, 147
млекопитающие 28
модерность 10
молоко 29
Моне Клод 69
Вокзал Сен-Лазар, поезд из Нормандии 69
монокультуры 29
Монсанто, химическая компания 103
мораль 13, 26, 108, 112, 117, 123, 149, 151, 153, 165, 170
Марокко 124
Моррисон Алекс 82
мультикультурализм 145, 148, 149
Мур Джейсон 36, 37
мусор 154
Мыс Прощания/ Cape Farewell, проект 81
Мьюр Джон 93
мясо 29

наводнение 8, 22, 25, 159
нарратив 41, 64, 74, 75, 94, 110
натурфилософы 133–135
научная революция 39, 41, 42, 65, 110, 137, 138, 171
Национальный альянс коренных народов Гондураса 123

Национальный парк *Глейшер* 83
Национальный совет церквей 111
непредсказуемость 140, 141, 144
неравенство 11, 34, 38, 42, 158, 159
Несс Арне 173
нефть 8, 25, 39, 65, 100–102, 119, 166
Нордхаус Тед 27
Норт-Ривер, станция очистки 155
Ньюкомен Томас 43–45
Ньютон Исаак 42, 109, 135, 138, 143, 171
   Математические начала натуральной философии 42, 109, 138

Обама Барак 103
Обама Мишель 103
обезлесение 28, 123, 169
Объединенная церковь Христа 123, 156
овес 17
овощи 29
овцы 17
одомашнивание 17, 28
озоновый слой 14, 152, 170
океаны 11, 20, 26, 38, 63, 117, 123, 164, 170, 174
   окисление 123
   загрязнение в Японии 117
   подъем уровня 11, 38
   потепление 11, 38, 63
оксид азота (N_2O) 168
онтология 35, 131, 133, 174
ООН 17, 21, 25, 105, 124
   экологическая программа ООН 21

опреснение 81
опустынивание 11
открытые системы 63
охладитель 47, 51
охота и собирательство 28, 61

Папен Дени 44
Папский совет справедливости и мира 113
Парижское соглашение об изменении климата 115
Парменид из Элеи 134–137, 144
парниковые газы 22, 13, 16, 18, 19, 21, 22, 24, 25, 27, 28, 38, 39, 42, 43, 65, 80, 102, 103, 107, 108, 111, 123, 131, 133, 137, 143, 146, 147, 164; см. также двуокись углерода (CO_2), хлорфторуглероды, метан, оксид азота, перфторуглероды, фтористая сера
   газы и скептики 27
   раннее предупреждение 20
   исторический рост 15, 16, 38–40, 42, 99–101
   прогнозируемый уровень 18, 19
   желаемое снижение 20, 24, 25, 111
   научный консенсус 20
   связь с транспортом 102–104
   непредсказуемый эффект 143
   глобальное распределение 38
паровой двигатель 8, 13, 15, 16, 36, 38, 39, 41, 43, 44, 46–49, 54, 63, 64, 66, 67, 70, 71, 75, 77, 80, 84, 142, 171
   как инициатор антропоцена 8, 13, 16, 38, 41, 43, 63, 77, 171

связь с капитализмом и урбанизмом 36, 38, 39
ранние версии 44–46
связь с экологической революцией 64, 65
эффективность 47, 49, 63
источник тепла 49
иконография паровых машин; второе начало термодинамики 38, 46, 63
в текстильной индустрии 66
машина Уатта 15, 43–46, 60, 63
пароход 16, 46, 63–65, 67, 71, 72, 80, 86, 91, 92
Паскаль Блез 138
Патель Прахи 103
патриархалоцен 30, 77, 104
Первая природа 23
перспективистский анимизм 35
перфторуглероды 21
Пифагор Самосский 136, 137, 139
числа у Пифагора 136, 137, 139
планеты 136
Планк Макс 14, 28, 29, 140
плантационоцен 29
пластик 170
Платон 91, 126–132, 137, 144
Государство 130
Плотин 143, 144
плотины 17–19
подходящие технологии 172
подъем уровня моря 11, 105
полихлорированные бифенилы 154
полярные льды 8, 169
почва 30, 105, 120, 125, 162, 170
истощение 105
загрязнение 120, 162, 170

предсказуемость 110, 126, 137–141, 144, 171
Пригожин Илья Рувимович 60, 61, 141, 171, 174
От существующего к возникающему: Время и сложность в физических науках 141
Порядок из хаоса 142
принцип неопределенности 140
Проект Решений/ TheSolutionsProject.org 166
Просвещение, эпоха 32, 41, 63
процедурная справедливость 150
процесс 21, 26, 28, 30, 38, 39, 42, 43, 46, 49, 50, 55, 58, 64, 65, 91, 108, 117–122, 126, 133, 135, 145, 158, 172–175
философия процесса 120–122
теология процесса 120, 121
Птолемеева (геоцентричная) вселенная 61
пшеница 17, 28

рабский труд 29, 77–79, 157
радиоактивное загрязнение 169
развивающиеся страны 11, 24, 105, 107, 115, 159, 161, 162, 171, 172
Рафаэль 132
религия 8, 9, 23, 108–125
ликвидация последствий потепления 122–125
религии Востока 116–122
экология и религия 110–116
Религия, природа и культура, журнал 113
Религия и экология, форум 111
Ренкин Уильям 55, 59, 60

Руководство по паровым машинам и другим движителям 59
ресайклинг 174
реставрация 175
Ресурсный центр экологической справедливости 157
рис 17, 28
Римско-католическая церковь 114
рожь 28
Ройбаль Мария 154
рост населения 34, 171
Руддиман Уильям 28
Руссо Жан-Жак 42
Общественный договор 42
Рассуждение о происхождении неравенства между людьми 42
рыболовство 151
Рютер Розмари Рэдфорд 115

саванны 175
Сави Мелина Перейра 105, 106
самолеты 63, 102, 106, 140, 150
Санта-Фе, институт 142
свинцовое отравление 156
свиньи 17, 28
Священство Земли/ Earth Ministry 113
Севери Томас 44
сельское хозяйство 16, 28, 29, 61, 92, 121, 159, 164, 169
и парниковый эффект 169
крупное 28, 29
устойчивое 164
Сентрал Пасифик, компания 73
серы гексафторид (SF6) 21
Сингер Питер 151
слэйвоцен 77

сложность 9, 113, 126, 141, 142, 158, 164, 174
Смена климата: евангелистский призыв к действию, заявление 111
Смит Адам 42
О причинах богатства народов 42
Снайдер Гэри 84, 98, 99
Брусчатка. Стихи Холодной Горы 98
Сад камней 98
Сократ 128, 130
солнечная энергия 80, 108, 111, 116, 119, 123, 124, 165
Солник Сэм 104
Поэзия и антропоцен 104
сорго 17
Сёрлин Сверкер 8
Экологический поворот в гуманитарных науках 8
социальная экология 174
Спангенберг Иоахим 117
справедливость 24, 34, 113, 116, 121, 123, 150, 153–163; см. климатическая справедливость, экологическая справедливость, процедурная справедливость, справедливость в распределении благ
стабильные системы 61, 142
Стейнбек Джон 84
Стенгерс Изабель 141, 174
Стивенс Лара 106
Стивенсон Джордж 65
Стоктон — Дарлингтон, железная дорога 65
Стормер Юджин 8, 14–16, 27, 28, 31, 41

Стоячий Камень, резервация сиу 116
страховка 159, 161

Такер Мэри Эвелин 13, 108, 112
 Зарождающийся союз религии и экологии 112
 Экология и религия 112
таяние снегов 116
Твен Марк 95, 96
 Налегке 95
Тейт Пета 106
текстильное производство 66
телеграф 74
теория относительности 140
тепловая смерть 7, 55, 57–59
теплорода теория 48–53, 56, 57
термодинамика 7, 38, 46, 52–56, 58–61, 63, 142, 171
 классическая 60, 61, 142
 неравновесная 60–63
 как научное поле 55–60
 первое начало 52, 63
 второе начало 7, 46, 52–56, 58, 60, 63
Тёрнер Джозеф 67, 68
 Дождь, пар и скорость 67
 Последний рейс корабля «Отважный» 67, 68
технологии 11, 16, 23, 26, 33, 37–39, 41, 65, 69, 77, 80, 81, 87, 92, 95, 97, 120, 121, 133, 137, 143, 150, 152, 165, 171, 172, 174
Тихо Браге 137
тождества закон 134
токсичные отходы 161, 170
Токсичные отходы и раса в США, доклад 156
топливная экономичность 27

торнадо 8, 22, 141
Торо Генри Дэвид 84, 93–95
 Уолден, или Жизнь в лесу 94
Трамп Дональд 114, 115
Трекслер Адам 104
 Литература антропоцена 104
тыква 17, 28

Уайт Линн 109
Уайтхед Альфред Норт 120
Уатт Джеймс 13, 15, 41, 43–47, 55, 60, 63
углекислоты (CO_2) выбросы 103
 повышение уровня 16–20, 63
 заблуждения 20
 политика и методы снижения выбросов 20, 24–27
 в богатых и бедных странах 34
углерод 21, 25, 26, 42, 108, 121, 131, 136, 153, 168–170
 улавливание 25, 168
уголь 44, 45, 48, 75, 89, 100, 101, 166, 167, 170
 уголь и кислотные дожди 170
 добыча угля 75, 100, 101
 уголь в литературе 8, 65, 84, 89, 100, 101
 замена угля 108, 119
 вытеснение древесины углем 32
Уитмен Уолт 84, 95–97
 Два ручья 95
 Листья травы 95
 Локомотив зимой 95
Университет Глазго 45, 55
унитарианство 110
Уолдман Энн 103
 Антропоцен-блюз 103, 104
Уолдроп Митчелл 142

Сложность: новая наука на рубеже порядка и хаоса 142
ураганы 8, 22, 83, 140, 161
устойчивость 106, 108, 113, 115–118, 120, 122, 124, 131, 144, 149, 162, 164, 165, 169, 172, 175, 176
утилитаризм 146, 157
утрата ареала обитания 162, 170

Фалес Милетский 133
фаллоцен 104
феодализм 61
фермерские земли 17
Философский журнал 57
Фицпатрик Пол 100
Флинт, штат Мичиган 155, 156
Фонд прав коренных американцев 160
формирование гор 26
фотоны 140
фотосинтез 169
фотоэлектрический эффект 140
Франциск Ассизский 109, 114
Франциск, Папа Римский 114
Фрост Роберт 84, 97, 98
  Мимолётное 97
  Ручей, бегущий к западу 97

хаос 7, 74, 126, 142, 143, 164, 171, 174
Харауэй Донна 29, 30
Хартия Земли 24, 124
Хартсхорн Чарльз 120
Хасс Роберт 12
химическая индустрия 103, 155, 170
хлорфторуглероды (CFC) 152, 170

Хоркхаймер Макс 172, 173
Хосровшахи Дара 143
христианство 109, 122
хтулуцен 29, 30
Хэйхо Кэтрин 124

цементная индустрия 168
центр изучения мировых религий в Гарварде 112
Центр этики Земли при Объединенной семинарии в Нью-Йорке 113
цикл Карно 49–51
цунами 126, 140

Чакрабарти Дипеш 31–33
  Климат истории: четыре тезиса, статья 31
человечество 9–12, 14, 16, 18, 23, 24, 26–28, 31–34, 37–39, 41, 63, 65, 69, 70, 92, 98, 102, 104–107, 110, 111, 121, 124–126, 131, 138, 145, 148, 149, 163–165, 172
чёрные дыры 7
Честь Земле / Honor the Earth, НКО 115

шаманизм 35
Шварценеггер Арнольд 25
Шелленбергер Майкл 27
Шори Катарина Джефферс 110
Штеффен Уилл 28

эволюция 7, 23, 61, 124, 175
эгоцентричность 145, 146, 157
Эйнштейн Альберт 139, 140
экологическая история 8
экологическая справедливость 153–158

климатическая и экологическая справедливость 157–159
экологическое движение 83, 158, 162
экология разума 173
экофеминизм 105, 106
экоцентричность 145, 147, 148
экстремальная погода 7, 8
Элвин Марк 117
электрокары 80, 126
электросети 167, 168
Элиассон Олафур 81, 82
  Ваши мобильные ожидания 82
  ледомобиль /ice car 81
Эмерсон Ральф Уолдо 84, 92–94
  Юность Америки 93
Эмпедокл Акрагасский 134, 135
Энгельс Фридрих 133
энтропия 7, 54, 55, 58–60, 62, 63
Энциклопедия, Дидро и Д'Аламбера 42
эпидемии 126, 140
эпистемология 133, 137, 173, 174
Эри, канал 71

этика 8, 9, 11, 23, 35, 41, 106, 113, 115–118, 120, 121, 123, 130, 144–153, 158, 161–163, 165, 169, 170, 174–176
этика партнерства 144, 145, 149, 165, 169
эффект бабочки 141
эффект обратной связи 25

Юм Дэвид 42
Юнион Пасифик, компания 73

язычество 109
Янч Эрих 171
Япония 98, 117
ячмень 17

350.org 20, 122
Crew Company, компания 87
Google 126–129, 167
LANCER, проект 154
MELA (Матери Восточного Лос-Анджелеса) 154
StopGlobalWarming.org 111
Stott Park, фабрика в Камбрии 67

Оглавление

Предисловие 7
Благодарности 12

Введение. Изменение климата и антропоцен 14
Глава первая. История 41
Глава вторая. Искусство 64
Глава третья. Литература 84
Глава четвертая. Религия 108
Глава пятая. Философия 126
Глава шестая. Этика и правосудие 145
Эпилог. Будущее человечества и Земли 163

Список иллюстраций 177
Библиография 183
Предметно-именной указатель 198

Научное издание

Кэролин Мёрчант
АНТРОПОЦЕН И ГУМАНИТАРНЫЕ НАУКИ
От эпохи изменений климата к новой эре устойчивости

Директор издательства *И. В. Немировский*
Ответственный редактор *И. Белецкий*
Куратор серии *И. Климашова*
Заведующая редакцией *О. Петрова*

Дизайн *И. Граве*
Редактор *Ю. Исакова*
Корректоры *Е. Гайдель, И. Манлыбаева*
Верстка *Е. Падалки*

Подписано в печать 29.11.2023.
Формат издания 60 × 90 $^1/_{16}$. Усл. печ. л. 13,4.
Тираж 200 экз.

Academic Studies Press
1577 Beacon Street, Brookline, MA 02446 USA
https://www.academicstudiespress.com

ООО «Библиороссика».
198207, г. Санкт-Петербург, а/я № 8

Эксклюзивные дистрибьюторы:
ООО «Караван»
ООО «КНИЖНЫЙ КЛУБ 36.6»
http://www.club366.ru
Тел./факс: 8(495)9264544
e-mail: club366@club366.ru

Книги издательства можно купить
в интернет-магазине: www.bibliorossicapress.com
e-mail: sales@bibliorossicapress.ru

*Знак информационной продукции согласно
Федеральному закону от 29.12.2010 № 436-ФЗ*

www.ingramcontent.com/pod-product-compliance
Lightning Source LLC
Chambersburg PA
CBHW070358100426
42812CB00005B/1553